人一定要有梦想

梦想还是要有的,
万一实现了呢!

孙玉梅 著

武汉出版社

(鄂)新登字 08 号

图书在版编目(CIP)数据

梦想还是要有的,万一实现了呢!/孙玉梅著. --
武汉:武汉出版社,2015.9
ISBN 978-7-5430-9348-5

Ⅰ.①梦… Ⅱ.①孙… Ⅲ.①成功心理-通俗读物
Ⅳ.①B848.4-49

中国版本图书馆 CIP 数据核字(2015)第 164636 号

书名:梦想还是要有的,万一实现了呢!

著　　者:孙玉梅
本书策划:李异鸣
责任编辑:朱纪新
特约编辑:李婷婷
封面设计:仙境设计
出　　版:武汉出版社
社　　址:武汉市江汉区新华路 490 号　邮　　编:430015
电　　话:(027)85606403　85600625
http://www.whcbs.com　E-mail:zbs@whcbs.com
印　　刷:北京市文林印务有限公司　经　销:新华书店
开　　本:787mm×1092mm　1/32
印　　张:8　字　数:200 千字
版　　次:2015 年 9 月第 1 版　2015 年 9 月第 1 次印刷
定　　价:32.80 元

版权所有・侵权必究
如有质量问题,由承印厂负责调换。

> 梦想还是要有的,万一实现了呢!

前　言

马云在纽交所敲响上市钟前穿的T恤前后各写着一句话,这两句话是:"梦想是一定要有的"、"万一实现了呢"。

梦想是什么?梦想是美好的愿望,是富有诗意的憧憬。一个人最悲哀的不是没有名车、豪宅,没有奢华的生活,生活于社会底层,而是没有自己的梦想,没有高远的梦想与奋斗目标。

人一定要有梦想,因为天空总是宠爱心生羽翼的人,上苍总是怜惜心怀梦想的人。人,一定要心怀梦想。没有梦想的人,就如河流里的树叶与浮萍,只能随波逐流,没有追求,看不到生活的希望与前途。

人一定要有自己的梦想,要敢于确立自己的梦想,在确立了梦想后,要能坚守住自己的梦想。不要在意他人会如何评价自己的梦想,更不要怕他人会嘲笑自己的梦想不接地气。

或许,每一个人都有不同的梦想,有的人梦想成为文思如泉涌,下笔如有神的作家,有的人梦想成为纵横捭阖的政治家,有的人梦想成为驰骋商场的商人,有些人想当一名音乐家,还有些人想当一个勇敢的探险家——不管有什么样的梦想,都需要全力打拼。

很多人也有梦想,也为梦想打拼,而打拼了多年,可离梦想成真的日子却渐行渐远。于是，很多人累了，倦了，困惑了，迷茫了……是选择坚持梦想，还是选择放弃？是向左还是向右？

如果你有梦想，心中却有些许的迷茫、困惑，那么，就请多读我们的《梦想还是要有的，万一实现了呢》。

本书从各个层面，不同角度，向广大读者解读了树立梦想的必要性与重要性，并向读者朋友提供了实现梦想的一些"锦囊妙计"。

本书如春天的明媚阳光，给有梦想的人以不尽的温暖，又如寒冬的一把紫泥炉火，给有梦想的人，以不竭的动力和能量。

如果你有梦想，就为梦想打拼吧。

时间如白驹过隙，总是呼啸而过，在一眨眼的工夫就溜之大吉，因而，人一定要及早树立自己的梦想与人生目标，要趁着青春年少的大好时光，为梦想与目标全力地打拼一次，千万不能盲目地等待，否则会"白了少年头，空悲切"。

梦想是缤纷多彩的，可实现梦想的过程没有美丽可言，只有汗水与付出。梦想没有捷径，一个人要实现梦想，就要去奋斗，就要去努力，去劳动。

梦想需要行动，没有切实的行动，梦想就等于空想。有梦想的人要马上行动，踏踏实实努力为梦想打拼。然而，没有哪一个人梦想成真的道路不充满挫折与困难，没有哪一个人的梦想会一帆风顺，所以，梦想不仅需要靠努力来实现，更需要坚定的信念，坚强的意志以及百折不挠的精神。

梦想是一场不长不短的修行。无论何人，要想实现自己的梦想，都要内外兼修，需要不断地学习，为自己充电，补充能量，直至自己足够强大。所以，有梦想的人再忙，也要挤时间读书，养成良好的读书习惯，也要培养乐观的个性，积极的心态，从而有足够的能力，去挑战梦想。同时，要注意积累各方面的人脉与资源，要善于利用与整合各方面的资源，要学会借力腾飞。

梦想是要靠努力实现的。或许你有自己的梦想，或许你还没有树立自己的梦想，但只要你心中萌发了梦想的种子，就要小心呵护，努力将其实现。只要努力为梦想打拼，总有一天，你会超越自己，总有一天，原本枯燥的生命旅程，会变得五彩斑斓。

梦想还是要有的，万一实现了呢！

目 录

第一章
梦想还是要有的，万一实现了呢？

人一定要有梦想，即使它有点遥远　　002
有梦想的人，最幸福　　007
梦想是精神的享受，不是欲望　　011
梦想，从来不是做白日梦　　015
我的梦想，我做主　　019

第二章
马上行动，不要让梦想萎缩

梦想，一定要用努力去实现　　026
马上行动，不要让梦想萎缩　　031
梦想，需要机遇来照亮　　036
看清机遇，该出手时就出手　　041
梦想没有捷径，只有稳稳地向前　　046
从哪里跌倒，从哪里爬起来　　052

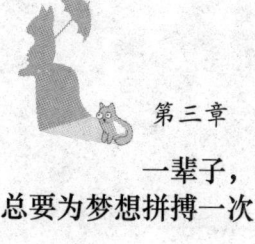

第三章
一辈子，总要为梦想拼搏一次

一辈子，总要为梦想拼搏一次	058
为梦想，该吃的苦一定要吃	062
逼迫自己一下，就知潜力有多大	067
做自己喜欢的，做自己擅长的	072
敢为梦想冒一次险	078

第四章
梦想面前，不放弃，不抛弃

失去什么都不能失去梦想	084
有梦想，就要坚持	089
再美丽的梦想，也要Hold住	093
不要将自己的梦想，拱手相让	096
梦想面前，不放弃，不抛弃	100

第五章
梦想之路，
跪着也要走下去

谁的梦想不沧桑	106
梦想之路，跪着也要走完	109
困境中，要咬着牙，要挺过去	113
有恒心的人，才会脱颖而出	117
再试一次，你就有可能好梦成真	121
坚定的信念，是抵达梦想彼岸的桥梁	125

第六章
梦想需要务实的行动
者，而非空想家

有梦想的人，只做证明题	130
梦想再美，也要始于足下	135
早起的鸟儿有虫吃	140
集中精力，做好眼前的每件事	144
做好今天的事，先不管明天如何	148

第七章
厚积薄发，才能绣出
梦想的锦绣图案

梦想，就是好习惯	154
静心学习，梦想需要真功夫	158
挑战梦想，从改变自己的弱点开始	161
将一件事做到极致，也叫成功	165
入不同的圈子，整合不同的资源	169
发上等愿，向高处立，依计而行	173

第八章
心有多大，
梦就有多美

积极的心态，是梦想的阳光	178
梦想，垂青于乐观的人	182
气量有多大，梦想有多远	186
有梦想的人，永不抱怨	190
自信心，比黄金更重要	194

第九章

梦想没有直行车，且行且转弯

梦想如驾车，需时时变换挡位	200
退一步，有时是进一步	203
惊险处，不急不忙，不慌不乱	208
"梦"不通时，开启另一扇梦想之门	211
不为小成绩而沾沾自喜	215

第十章

有梦想，就有了继续向前的希望

珍惜时间，为梦想设个实现的期限	220
与积极的人为伍，与成功人士交朋友	225
水深浪高时，求人不如靠自己	230
将梦想的弓弦，绷得紧紧的	234
低头不懦弱，是睿智	239

第一章

梦想还是要有的,万一实现了呢?

烟雨红尘,一切都匆匆而过。只有有梦想的人,一心一意地努力实现梦想的人,才能留下一脉芬芳。所以,人一定要有梦想,只要敢想,敢做梦,敢于为梦想付出一切,终有一天,梦想就会成为现实,照亮人生。

人一定要有梦想,即使它有点遥远

梦想是什么?其实,梦想就是一个人想做什么,想成就什么。

作家布朗森,曾花两年的时间跟踪观察数十人的日常生活,写成了一本《这辈子,你想做什么》的书。

梦想与目标是我们行动的指南针。没有了梦想与目标,我们的热情就无的放矢,无处可依。有了梦想与目标,我们的人生才有斗志,才能开发我们的潜能。

人,总是要有梦想的,人生的意义就在于在自己的心灵中撒一粒梦想的种子,然后小心地呵护,给它浇水松土,然后,让梦想的种子萌芽,然后不断地成长,直到开花结果。

一个人不怕家徒四壁,一无所有,就怕没有一个属于自己的梦想,这就像艘盲目航行的船,无论向哪个方向行走,都无法抵达目的地。

在北京大学某年的开学典礼上,新东方创始人俞敏洪曾经说:"人的一生是奋斗的一生,但是有的人一生过得很伟大,有的人一生过得很琐碎。如果我们有一个伟大的理想，有一颗善良的心，我们一定能把很多琐碎的日子堆砌起来，变成一个伟大的生命。但是如果你每天庸庸碌碌，没有理想，从此停止进步，那你未来一辈子的日子堆积起来，将永远是一堆琐碎。"

人一定要有自己的梦想。因为决定一个人未来的不是他现在所处的位置，而是他的梦想，梦想就是他努力的目标与方向！

如果说星星之火，可以燎原，梦想呢，就是最易燎原的那一束星火，是一个人内心最纯净的那一束火焰。成功总是属于那些有梦想的人。有梦想才能成功，才能创造各种美好的奇迹，缔造一个又一个美妙绝伦的神话，才能为人类谱写最瑰丽的诗篇，才能有资格说出："昨天你对我爱搭不理，今天我让你高攀不起。"

20世纪初，有个年轻的美国人，他的梦想是当美国总统。之后，他开始朝着这个伟大的目标前进。不幸的是，在1921年，他39岁时突染重病，成了一个双腿不能行动的残废人，但他并没有因此放弃当总统的梦想。

为了实现梦想，他为自己制订了一个身体复元计划——从练习爬行开始。最初的时候，每次他虽然用尽全力，甚至爬得汗如雨下，却连刚会走的小儿子都赶不上。他的爱人劝阻他，可是他从来不听劝阻，非要坚持到底。

经过7年的康复锻炼，他终于能够站立起来了。1933年3月4日，他终于实现了自己的伟大梦想，就任了美国第32任总统，并于1936年、1940年、1944年破例地三次连任，成了美国历史上在任时间长达

12年的伟大总统。

他就是富兰克林·罗斯福。他用梦想的力量支持自己，挑战自己，最终创造了奇迹。

梦想的意义在于你想成为什么样的人，你就会是什么样的人。很多人一生过得很平凡，很大一部分原因是缺少梦想与成功的愿望。

很多人一生创造了很多精彩的传奇，是因为他有梦想，他想成功。

拿破仑曾经说过："我成功，是因为我志在成功。"

马云，曾是阿里巴巴集团主要创始人之一，阿里巴巴首席执行官，他缔造了一个庞大的电商帝国，是《福布斯》杂志创办50多年来成为封面人物的首位大陆企业家，曾被选为未来全球领袖。2014年9月19日，阿里巴巴在纽交所挂牌上市，马云也因此成为中国的首富。

在短短的14年里，马云如何创造了那么多的神话与奇迹？或者说，是什么让马云从一个英语老师，成为了具有影响力的人物呢？

对于马云所取得的非凡成就，或许，很多人是百思不得其解，很多人不明白：为何其貌不扬、瘦瘦弱弱的英语老师成为了中国的首富呢？

如果要究根问底的话，那么，只有一个原因，那就是马云是一个有梦想的人。

小时候，马云有很多很多的梦想。梦想当司机，想当售票员，想当警察，想当解放军叔叔，虽然他没有实现这些梦想，但梦想一直存在于他的脑海。

马云小时候，在一所很普通的小学上学，虽然成绩还不错，但是他就读的学校考上重点中学的人少之又少。

后来，马云想学英语。为了学英语，他早上6点到香格里拉，给老外做免费导游，一做就是十多年。

马云不仅当过英语老师，还开过翻译社、贩卖过义乌小商品，但这些都没让他挣多少钱，并让他感觉做生意不容易。

在困境中，大部分人都可能选择放弃，稀里糊涂地过日子，但是马云却有了一个远大的梦想：既然做生意这么难，我就自己办一家企业，"让天下没有难做的生意"。

如果你看过《开学第一课》，看过马云主讲的那期节目，相信你会记得，马云特立独行的那个梦想。

在《开学第一课》中，马云慷慨陈词，叙述着自己的梦想："我的梦想就是希望帮助更多人实现梦想，希望有一百多万的小姑娘、小男孩在网上实现创业的梦想。"或许，这就是他当初做淘宝网的原因。

这是多么瑰丽而感人的梦想啊！

其实，很多人像马云一样，有着自己五彩缤纷的梦想，对未来有着美好的向往与憧憬——有的人梦想当老师、飞行员，有的人梦想成为航天员、科学家、歌唱家……

不容置疑，梦想，是每一人一生中前行的指路灯；梦想，是对美好未来的憧憬。

在许多人看来，自己的梦想是那么遥不可及，那么高大上。其实，只要你敢想，你敢做梦，敢于为梦想付出一切，总有一天，梦想会成为现实，会照亮你的人生。

马云的梦想就是希望帮助更多的人实现自己的梦想。这是一个看似难以实现，非常远大的梦想，如今成为了现实。现在，有很多人在网上开店，在淘宝中购物，曾经渺远的一切，都成为了鲜活的现实。

烟雨红尘，一切都匆匆而过。只有有梦想并努力实现梦想的人，才能留下一脉芬芳。除了梦想，什么都是过眼的浮云，我们还等什么呢？

趁着我们还青春年少，趁着明天还有绚丽的阳光，趁着春天还没走得太远，请在心灵中种下梦想的种子吧，哪怕是一粒很小的种子！

有梦想的人，最幸福

人人都渴求幸福，但它在哪里？人人都羡慕他人的幸福，但这个世界上没有无缘无故的幸福。

什么样的人最幸福？有人说是生活简单的人，有人说是知足常乐的人。有人说吃好的穿好的，住好的，没烦恼就是幸福。

其实，再漂亮的衣服也有穿烦了的时候，再丰盛再美味的饭菜也有吃腻了的时候，只有远大的梦想与目标，才让我们感觉生活有奔头，有动力，让我们每天都过得充实而快乐。所以，有梦想的人才最幸福，能为梦想而努力的人最幸福。

梦想是希望，是企盼，是美好的愿望，是富有诗意的憧憬。对很多人来说，最重要的不是得到金钱、名利、地位，而是在内心深处有那永恒的美丽梦想。最悲哀的不是没有名车、豪宅，没有奢华的生活，而是没有属于自己的梦想。

每个人都有自己的梦想，不同的人有不同的梦想。梦想有大有小，也可大可小，但只要有梦想，就是幸福。

有这样一个朋友，已经是奔五十岁的人了，虽然他的手指已经不再灵巧，可他最近却萌生了学习画画的想法，想成为画家，而且乐此不疲地去一个画室学习。

最初的时候，周围的人都感觉他是在附庸风雅而已。但一次朋友们小聚，大家发现，他变了很多，比如，原本性格有些悲观的他，不时在聚会中谈笑风生。好奇之余，就有人问他为什么如此快乐。

这个想学画画的人说：他每周六、周日都去老师那里学画画，并在那里认识了一些朋友。虽然学画画累点，可生活充实了许多，最重要的是，感觉生活有了希望，有了奔头。

梦想是让人前进的力量，梦想可以让人过自己想要的生活——有梦想的人会觉得生活有奔头，有盼头。一个人，即使有很小的梦想，也会让平平淡淡的生活，变得妙趣横生，变得无比快乐与幸福。

一提起明星周迅，大家都不陌生，周迅曾经这样描述她梦想的生活：我心目中的小家庭其实很简单，一个小巢，干干净净，不需要太豪华，也不需要拥有太多的钱，只要有情有爱，有温暖有体贴就行了。当我走进院门时，心爱的人无须过多地表白，只需默默地递上一杯水。回家的时候，我们买上两个冰激凌，一人一个，边吃边聊，这样的生活太美了，我做梦都向往。

有梦想的人，有奔头，有盼头。这个所谓的盼头，其实就是希望。在马云看来，没有梦想比贫穷更可怕，因为这代表着对未来的一切没有希望。有梦想的人，即使处境不妙，甚至身处绝境，也会生活得快乐与幸福。

第一章 梦想还是要有的，万一实现了呢？

有一个老人，患了绝症，他还有三个月的时间就要离世了。家人问他有什么心愿，他说，他要为自己写一本传记。

老人知道自己时日不多，为了实现这个梦想，他天天拼命地写。

老人年轻时没上过几天学，也不知什么叫文采，不知什么叫比喻，他所写的东西，无非是他以前日常生活中的一些鸡零狗碎，可字里行间却十分感人。

最重要的是，写作，让老人的生活变得充实快乐起来，在写作中，他重温着过往的人生：恋爱时的甜蜜，初为人父时的惊喜，柴米油盐中的幸福。

往事如昨，在对往日生活的回忆中，在记忆之门被打开后，曾经的美好，再一次如电影镜头一样不断地在他脑海中反复地回放。

或许，老人一生有很多梦想，都没有实现，但在他为最后的梦想而努力时，他所做的努力，让他远离了病痛的折磨。

老人离开这个世界的时候，是一脸的安详和幸福。因为他实现了最后的梦想：为自己，写完了一本书。

我们不是为梦想活着，但只有拥有梦想，我们才能有前进的动力，有了梦想，才有努力的方向。如果没有梦想，那么，人生就没有方向，就会失去希望，更难以拥有快乐和幸福。

同样的生活环境，如果谁有梦想，那么，他就会高瞻远瞩，会站在比人高的起点上冲刺，并在梦想的路上，将他人远远地甩在后面。

建筑工地上，有三个工人在砌一堵墙，有人问：你们在干什么？

第一个人说：在砌墙！你没看见吗？

第二个人笑了笑，说：我们在建高楼。

第三个人很开心地说道：我们正在建一个美丽的城市。

一晃10年过去了，第一个人依然在砌墙，只不过是换了一个工地砌墙；第二个人成了坐在办公室画设计图的工程师；第三个人呢，成为了他们的老板。

有梦想的人生是瑰丽多彩的，因为它能给人无限的希望与憧憬，让人每天都激情洋溢地活着。

人有梦想，才快乐，有远大梦想，才能改变命运！你有梦想吗？你的梦想是什么，是建高楼，还是建一个美丽的城市？

不管你的梦想是什么，只要有，就可以，不管你心怀的是英雄般的雄心壮志，还是寻常百姓的燕雀之志，都应该且梦且珍惜。

梦想是精神的享受,不是欲望

　　天空总是宠爱心生羽翼的人,上苍总是怜惜心怀梦想的人。人,一定要心怀梦想。没有梦想,没有追求,就看不到生活的希望与前景。一个人如果没有了梦想与追求,就如河流里的树叶与浮萍,只能随波逐流。这样的生活,决没有快乐可言。
　　有梦想的人,是快乐的。或许一个人的梦想,他终究没有实现,但只要为梦想而努力了,他的人生就没有遗憾,一生就会过得充实而多彩。
　　对于梦想来说,结果最重要,过程也重要。所以有人说,经历就是财富。
　　不管一个人的梦想是触手可及,还是遥不可及,只要能尽情追逐自己的梦想,就能从中深深体会到那种别样的快乐。
　　有人说,我经常有想法,我有很多很多的梦想,我为什么感觉活得太累。其实,人之所以活得太累,不是梦想太多,而是欲望太多。

有一个朋友，在2005年的时候开了一家店，现在，他的生意尚可，但绝不是日进斗金。他早些年买了一个两居的房子，现在一门心思要换个三居的大房子。他原来开着大众车，这两年又想换一辆宝马。

今年，他买了三居的房子，买了宝马，但他并不快乐，他感到很累，因为他还要拼命赚钱来还车贷，房贷……所以，亲戚朋友每次见到他，他总是说他很累。

人的欲望可以说是与生俱来的。当我们呱呱坠地的那一刻，我们就有求生欲，有食欲等各种各样的欲望，随着我们的不断成长，又有了学习欲，金钱欲等。

欲望是一把双刃剑，人不能没有欲望，否则，人类与社会就不会有进步。但又不能有太多的欲望。因为欲望并不是梦想。

或许，梦想和欲望都是要表达人的诉求，但梦想侧重于要创造什么，欲望侧重于要取得什么。

梦想可能很远大，也可能很普通；欲望可能很宏大，也可能很现实，但是它们带给人的感觉是完全不一样的。

高晓松曾在《中国达人秀》中说："梦想是，只要它在，你就永远是快乐的。欲望，总是让人烦恼的！"

为满足欲望而拼搏，就会感觉越来越辛苦，烦恼越来越多。为实现梦想而拼搏，这是快乐的"累"，尽管身体很辛苦，但心里却感觉很舒坦。

第一章 梦想还是要有的，万一实现了呢？

每天清晨，我们的某些欲望会于阳光中消散，而当我们穿行于摩天大厦、宝马香车间，某些欲望又会重新产生。

而梦想呢，不管你处境如何，它从不会消失，它会在困境中支持你。即使你摔倒了，它也会给你力量，让你咬着牙、含着泪却依然慢慢翻身爬起、继续拼搏。

人的欲望就像香水一样，欲望少时，恰到好处时，它会清香醇美；而欲望太多时，我们就会感觉心累、心烦，会感觉呼吸不畅，甚至会有窒息的感觉。

或许，在我们内心深处，总是一个欲望接着一个欲望不断地萌发、膨胀……所以，有时，欲望需要有所抑制，而梦想呢，则需要尽情放飞。

如果能够选择，我们要不断舍弃自己的欲望，不断地给自己心中种下梦想的种子；如果你内心的磁盘总是被欲望占满，就要定时清空，及时清空，清空那些让自己倍感煎熬的欲望——特别是当你有欲望而无梦想时。

梦想是美好的，现实总是残酷的；梦想是丰满的，现实是骨感的，所以，在平凡的生活中，我们要不断地种下梦想，发现生活中美好的一面。

梦由心生，梦想是精神的享受，是精神的愉悦，心有所梦，生命才更加有意义，日子才更加有滋味。

或许，有些梦是白日做梦，是"天方夜谭"，可我们为这样的梦想而快乐，更何况，谁又能断言它不会实现呢？

莫问春阳几时暖，莫问春花几时开。山重水复，柳暗花明，清空欲望，向前冲吧！

人生最有意义的就是，与梦想同行。与梦想同行的人，一路上总会有意外的收获，总会有意外的惊喜与感动。

梦想,从来不是做白日梦

时光飞逝,流年似水,什么都会成为沧海桑田,在不老的时光中,只有梦想的花儿不会凋谢,于人生的四季中郁郁葱葱。

朋友木子李说:"很想去旅行,先去西藏,然后再去五彩云南,完成一场最完美、最浪漫的旅行;另一个朋友说,他最大的梦想是周游世界,走遍全球。对于这周游世界的梦想,很多人认为是白日梦。

或许,在很多人的眼里,他人的某一个梦想只是白日做梦,可是,如果他曾拥有过梦想,就会理解一个人的梦想有多么珍贵。

人总会怀有这样那样的梦想,但梦想从来不是白日梦。白日梦是空想,而梦想经过努力与奋斗,大多可以变为现实。

田吉是一个美国的小男孩,在小时候,由于家境困难,他每天吃得都很差。由于从小营养不足,他得了软骨症。

6岁时,当与他差不多大的孩子都四处跑着玩时,他的双腿却已变成"弓"字形,但他依然有一个梦想——有一天他要成为美式橄榄球的全能队员。

了解他身体情况的人，都觉得他的这一梦想简直是天方夜谭。

小田吉却为了自己的梦想一直在努力。

他曾经千方百计地去观看橄榄球高手布朗的比赛，想通过这种方式向高手们学习。

没有钱买票，他就在全场比赛快结束时，从工作人员打开的大门溜进去，观看为时不多的几分钟比赛。

多年后，小田吉终于成了一名十分优秀的美式橄榄球的高手，并打破了布朗曾经创下的纪录。

达尔文从小就对大自然十分好奇，立志要找到人类的祖先，这是他的一个梦想，也是他不懈奋斗的信念与支撑点。

他不顾家人的反对，开始周游全球，在历经千辛万苦后，最终写下《物种起源》，推翻了人们以前的观念——人类是由上帝创造的。

我们梦想着明天，梦想着下一刻，梦想着未来。因为有了梦想，我们枯燥的生命旅程，才变得五彩斑斓，我们所生活的世界，才会异彩纷呈，我们才能超越自己，人类才有美好的未来。

多年前，一个圣诞节的早晨，有两个孩子的爸爸送给孩子们一份可算得上是世界上最好的礼物——飞螺旋，一种能在空中高高地飞翔的飞螺旋。

"鸟才能飞呢，它怎么也会飞！"其中的一个孩子维尔伯百思不得其解。

之后，两个孩子的爸爸进行了表演，只见他先把上面的橡皮筋扭好，手一松开，飞螺旋就"呜呜"地向空中飞去。

除了燕子和蝴蝶等一些能飞的动物，原来人类可以制作能飞翔的东西。

自此后，他们的幼小心灵中，就自然而然地萌发了一个梦想：将来一定要制造出一种能飞上蓝天的东西。这个梦想一直激励着他们。

这两个孩子就是莱特兄弟。

有了梦想的莱特兄弟，研制出了能在空中飞行的飞机，并最终在1903年12月17日上午驾驶飞机，试飞成功，将自己的梦想变成了现实。

有飞翔的梦想，莱特兄弟发明了飞机。有飞翔的梦想，我们的祖先在2000多年前发明了风筝。有登天的梦想，我们人类就登上了月球……人类的每一项发明，每一次进步，都与梦想如影相随，正因为人类有了梦想，才从穴居的山洞中走出，远离了茹毛饮血的洪荒时代。

有时，与其说书籍是人类进步的阶梯，不如说梦想是人类进步的阶梯。

梦想不是空想，不是异想天开。梦想是美好的意愿，是远大的目标，是最强大的力量。

有一个美国人，在年轻的时候，梦想特别多。

为此，他曾树立了127个行动目标。

这127个目标中包括去尼罗河、亚马逊河和刚果河探险；登上珠穆朗玛峰、乞力马扎罗山和马特荷恩山；驾驭大象、骆驼，主演一部像《人猿泰山》这样的电影等。

到2001年，他69岁时，已经实现其中的108个目标与梦想。

通常，一个人一生实现一个目标或梦想都很难，这个美国人竟然成功地实现了那么多的目标，这就是因为梦想的力量在支撑着他。

拿破仑曾说过：不想当元帅的士兵不是好士兵。如果一个人没有梦想，没有目标的话，他一生便注定了平凡，很难与幸福的生活有缘。

或许，也有一些梦想，我们不能让它华丽转身，变成现实，但只要我们为它努力打拼了，即使实现不了梦想，也会让我们的人生少几许遗憾，几许叹息。更何况，为梦想而打拼的人生是充实的，是快乐的。

或许，你每天要面对柴米油盐，面对琐碎繁杂的生活，但如果你早已种下了梦想的种子，你已经有了远大的梦想与目标，那就要小心呵护。

或许，你每天要重复一些无聊的工作，每天要看同事或老板阴晴不定的脸色，如果你梦想创业的种子已经发芽，那就大胆地放飞梦想，追逐梦想吧！

梦想有多大，人生的舞台就有多大，在逐梦的路上，你将变得更为强大、勇敢，在挑战梦想的路上，你将不断地超越自我，提升自我，终有一天，你会与梦想一起，振翅高飞。

我的梦想,我做主

梦想是最美丽最神奇的种子,会在百花争艳的春天,会在我们的汗水中尽情绽放。梦想是我们奋斗的目标,每天,只要朝着梦想努力,就会逐步靠近梦想的现实。

张爱玲曾经说:"出名要趁早。"其实,人要想早出名,就要及早树立梦想。如果不及早树立梦想,不树立一个远大的目标,便只能平凡地过一生。

不过,有一些人总是不断地树立目标与梦想,又不断地产生怀疑:"这样的梦想是不是太虚拟,是不是无法实现呢?"其实,所有的不可能,只不过是人们的想象罢了。所有的质疑,只是在给自己的梦想设一个个栅栏罢了。

在1865年美国南北战争结束后,曾有一位记者去采访林肯。

记者问:"我了解到,上两届总统都曾经想废除黑奴制,他们也早就起草了《宣言》,可为何他们都没有签署呢?他们是不是想把这一伟业留给您来完成呢?"

林肯回答:"或许,是因为这个原因吧。不过,他们不知道拿起笔,需要的仅是一点勇气。"

林肯的回答,让记者有些不明所以然。

直到1914年,也就是林肯去世50年后,人们才在他留下的一封信里找到了答案。

原来,在林肯小的时候,他的父亲曾用较低的价格买下了西雅图的一个农场。农场的地上堆了一些石头。有一天,母亲建议大家一起将石头搬走。

父亲说,如果能搬走的话,原来的农场主早就搬走了。

从表面上看,那些石头很大,简直就像一座小山头。

有一年,林肯的父亲去进城买马,母亲带他们在农场劳动。母亲说:"让我们把这些碍事的石头搬走,好吗?"

"好!"

接下来,大家就一起去挖那一块块石头。结果,没过多久,大家就将石头搬走了。

原来,在挖石头的时候,那些石头并不像父亲想象得那样多那样连在一起,而是一块块孤零零的石块,只要往下挖一英尺,就可以晃动它们。

在信的最后,林肯说:有些事人们之所以不去做,只是觉得这个不可能实现。而许多不可能,只存在于人的想象之中。

一切皆有可能,一切梦想皆有可能成为让人欣喜的现实。之所以

第一章 梦想还是要有的，万一实现了呢？

觉得不可能，是因为我们被内心的自我想象限制了，让我们觉得不可能做成某事。

一切皆有可能。或许，今天你还让人瞧不起，但只要你努力，明天就会成绩斐然。所以，人，一定要大胆地树立自己的梦想。

周杰伦在《我的地盘》一歌中这样唱道："在我的地盘，你就得听我的，我个人的特色，未来难预测，坚持当下的选择。在我的地盘，你就得听我的，节奏在招惹我跟街舞亲热。生活不该有公式，我可以随性跳芭蕾舞。照节拍，手放开，静下来，像一只天鹅把脚尖踮起来。"

自己的地盘自己做主，自己的梦想，自己做主。

美国前总统罗纳德·里根小时候曾到一家制鞋店定做一双鞋。

鞋匠问里根："你是想要方头的还是圆头的？"

里根不知道想要哪种鞋，听鞋匠这样问，一时不知如何回答是好。于是，鞋匠叫他回去考虑清楚后，再来告诉他。

后来，鞋匠在街上碰见里根，又问他要做什么样的鞋子。可里根依然不知道想要哪种鞋。结果，鞋匠给他做的鞋子一只是方头的，另一只是圆头的。

里根十分不解，但鞋匠对他说："等了你几天，你都拿不定主意，于是，我就做主给你做这个鞋。记住，以后不要让他人来替你做主。"

一双鞋子，是否合脚，只有自己能体会到。一个人的梦想，是否适合自己，只有通过努力打拼，才能体会到。因而，我们应该树立自己的梦想，不要让梦想受到他人的左右，这样，才有希望在人生的大舞台上，随心所欲地舞出属于自己的那份精彩与传奇。

现实生活中，有的人这样抱怨："我本来很喜欢音乐，可为了能生存下去，不得不屈从现实，不得不放弃自己的梦想，而学了医，当了一名医生，难道真的就这样与自己的梦想失之交臂了吗？"

其实，梦想的选择权与决定权在你手中，自己把握梦想，做喜欢的事情，才更有可能将其实现。

19岁的约克是一个富商的儿子，虽然他是富二代，可心地非常善良。

一天，约克吃完晚饭后，站在窗前欣赏着窗外美丽的月色。突然，他看见窗外街灯下，有一个和自己年龄相仿的青年。那青年穿的外套非常破旧，身材也非常瘦弱。

看了一会儿，见年轻人长时间站在那里不走，约克就走下楼去。

约克问他为什么总站在那里，年轻人一脸郁闷地对约克说："我想有一座安静的公寓，晚饭后，可以站在窗前看月亮。可是这个梦想对我来说太遥远了。"

约克说："请你告诉我，离你最近的梦想是什么？"

年轻人说："我现在的梦想，就是能有一张舒服的床，可以让我美美地睡一觉。"

约克胸有成竹地对他说："可以，跟我来，一会儿我就可以让你梦想成真。"于是，约克领着他走进了自己的家，把他带到自己的房间，指着那张豪华的大床说："这是我的卧室，你可以在这里睡一个晚上。"

第二天清晨，约克早早就起床了，想去看下年轻人还在不在。让他意外的是，当他轻轻推开自己卧室的门时，却发现床上的一切都整整齐齐，分明没有人睡过。约克开始寻找年轻人，终于在花园里找到了那个年轻人——年轻人正躺在花园的一条长椅上睡得正香呢！

约克叫醒了他，不解地问："你为什么不睡床上，而睡在这里呢？"

年轻人笑着说："你给我这些已经够多的了，谢谢……"说完，年轻人头也不回地走了。

30年的时间过去了，一天，约克突然收到一封电子邮件，一位自称是他"30年前的朋友"的人，邀请他参加一个上市公司的庆典活动。

在那里，他见到了很多企业家、明星。自然，他也看到了电子邮件的发送者。

"今天，我首先感谢的是，在我追求梦想与成功的路上，第一个帮助我的人。他就是我30年前的朋友约克……"

此时，约克才恍然大悟，眼前这位声名显赫的上市公司的老总，就是30年前那位贫困的年轻人。

酒会上，那位曾经贫困的年轻人对约克说："当你把我带进卧室的时候，我真不敢相信梦想是如此容易就能实现。就在那一瞬间，我突然明白，那张床是你的，不是我的，我应该远离它，我要把自己的梦想交给自己！现在，我的梦想终于实现了。"

你的梦想是你自己的，不是他人的，他人的梦想再好，也不要羡慕，而是要寻找自己的梦想。

人，一定要敢于树立自己那与众不同的梦想，即使并不被人看好甚至是嗤之以鼻，但我们自己也要为自己的梦想做主。

一个要树立什么样的梦想，需要积极开动脑筋，经常思考，积极地寻找梦想与奋斗目标。在憧憬自己的梦想时，可以天马行空，不给自己的梦想设限，但要听从自己内心的召唤。

嘲笑他人的梦想是可耻的，轻视自己的梦想是悲哀的，只要确立了自己的梦想，就不要怕他人会嘲笑，只要明确了自己的梦想，就要敢于为自己的梦想做主、拍板。

自己才是梦想的缔造者。所以，人一定要大胆地，勇敢地树立梦想，并为梦想插上高飞的翅膀。

当确立了自己的梦想后，我们需要一份义无反顾的勇气，需要坚定地追求梦想，不管别人说什么、怎么说，我们都要有笑傲江湖的勇气，要有"做自己的梦，让他人去说"的执着，并能在通往梦想的路上，坚持到底，绝不半途而废！

第二章

马上行动，
不要让梦想萎缩

梦想，是人生前行的指路灯；梦想，是对美好未来的憧憬；机会是梦想者的女神，机会是让鲤鱼超越自我的那道龙门。不管你的梦想是大是小，是俗是雅，只要它是美好的，那么，就要让梦想着陆，就要用切实的行动去实现它。同时，再有一双善于发现机遇的慧眼，在机遇来临时，果断出手，抓住一切可能抓住的机遇，让梦想的光辉照进现实，让梦想的花儿绚丽绽放。

梦想,一定要用努力去实现

一位知名演员曾说:"你只看到萤火虫身上闪烁着光芒,却没有看见它身后拼命扇动的翅膀……"

很多时候,我们只羡慕他人的成功,只惊羡花儿绽放时的万紫千红,可所有的成功与万紫千红背后,无不浸透了奋斗的汗水、无私的付出以及巨大的努力。因而,无论你有着怎样的梦想,无论你要实现什么样的梦想,都要刻苦地去努力。

曾经看过这样的一个故事:

一天,一个年轻的汉语系助理讲师遇到了一位保安,保安对这名年轻的助理讲师说:"你一定会当上教授的。"

年轻的助理讲师问道:"你预测年轻教师的晋升,有过成功的案例吗?"

保安说:"有过,比如我们学校的王教授,我曾预言他会脱颖而出。"

事实上，王教授的确是一名杰出的教授，可一个保安是怎么有这样的先见之明的呢？

"那么，你是根据什么预言的呢？"

保安说："我在晚上和周末工作时，看到哪位教师的办公室亮着灯，哪位教师在加班，在努力地工作，就猜他一定会当上教授。"

努力，是成就梦想的翅膀。要想扇动着梦想的翅膀飞向成功之路，不能只说不做，而要努力去奋斗。

非洲的戈壁一望无际，在辽阔的大戈壁上，有一种像昙花一样的花，在绽放时，小小的花朵非常美丽，可它的花期也非常短暂，仅仅绽放两天的时间，就开始凋谢。

这种小花就是依米。

依米的花期虽短，可等待绽放的时间却很长，而且需要付出常人难以想象的努力。

通常，在非洲的戈壁上，只有根系庞大的植物才能生长，而依米花的根却只有一条，于是，它的根一路蜿蜒盘曲，直入大地深处。

对很多花儿来说，要完成根茎的穿插工作，并不是很难，可对于依米花来说，却是要费尽周折，要花费5年的时间才能完成。

在此期间，谁能想象，依米花为了这两天短暂的开放，付出了多少艰辛和努力？

完成根茎的穿插之后，并不等于大功告成了，依米花依然要努力，要一点一点地积蓄养分，在第6年的春天，依米花才能吐绿绽翠，绽放一朵小小的四色鲜花。

　　成功者之所以能实现梦想，在于他们敢于追求梦想，舍得为了梦想付出巨大的努力。有的人之所以没有实现梦想，有一部分原因在于他们不想付出，不舍得付出，只想坐享其成。所以，结果自然不同。
　　西方有句名言："除了阳光和空气是大自然赐予的，其他一切都需要劳动获得。"
　　你想实现自己的梦想吗？如果答案是肯定的话，那就努力付出吧！
　　梦想是缤纷多彩的，可实现梦想的过程没有美丽，只有汗水与付出。实现梦想没有捷径，一个人要实现梦想，就要去奋斗，就要去努力。一分耕耘，一分收获。只有努力了，付出了，才可能有所获得。不努力，不付出，可能永远都没有回报。

　　他在1963年生于纽约的布鲁克林贫民区。他是黑人，家里有四个兄弟姊妹，却只靠父亲一个人的微薄工资生活，因而，他从小就家境贫困，也没什么梦想。
　　那年，他13岁，父亲递给他一件旧衣服："这件衣服能卖多少钱？"
　　"能卖1美元吧！"他回答。
　　"能卖两美元吗？"父亲问道。
　　他说："我可以试一试。"
　　之后，他忙碌了起来，先是将衣服洗净，然后，用刷子把衣服刷平晾干。第二天，他带着这件衣服来到一个地铁站。
　　地铁站有很多人，他开始吆喝着卖衣服，6个多小时后，他终于卖出了这件衣服，有了两美元的收入。

以后，每天他都乐此不疲地从垃圾堆里淘出旧衣服，洗净刷平后，再去人多的地方将衣服卖掉。

10多天后，父亲又递给他一件旧衣服："你想想，这件衣服怎样才能卖到20美元？"

虽然他不太相信这件衣服值20元，但在父亲的鼓励之下，他还是努力去想办法，而且终于有了一个好主意：先让表哥在衣服上画了一只可爱的唐老鸭与一只淘气的米老鼠图案。然后，来到一个贵族学校的门口叫卖衣服。

结果，一个开车接少爷放学的管家，看中了这件衣服，并花了20美元，为他的小少爷买下了这件衣服。出人意料的是，小少爷特别喜欢这件衣服，高兴之余，竟然出手阔绰地给了他5美元的小费。

他十分开心地回家了，而父亲又递给他一件旧衣服，并建议它将这件衣服卖200美元。

一件旧衣服卖200美元？这是一个不错的想法，也是一个巨大的挑战，他一言不发地接过父亲递来的衣服。

两个月后，电影《霹雳娇娃》的女主角拉佛西来纽约做宣传。

记者招待会结束后，他跑到拉佛西身边，请她签名。

拉佛西看他是一个天真可爱的孩子，就非常爽快地在衣服上签了自己的名字。

他激动地叫喊着："拉佛西小姐亲笔签名的运动衫，售价200美元！"

最后，一名商人以1200美元的高价收购了这件运动衫。

回家后，一家人都非常开心。但父亲问他："孩子，从卖这三件衣服中，你明白了什么？"

他若有所悟地说："只要动脑子，办法总会有的。"

父亲说："你说得不错，但我只是想告诉你，一件只值1美元的旧衣服，都有办法高贵起来，何况我们这些活生生的人呢？我们只不过穷一点儿，可这又有什么关系呢？"

从此，他努力学习，对未来充满了梦想与希望。

多年后，他功成名就，他就是迈克尔·乔丹。

一切皆有可能。一个人，不管是男人女人，不管是老人还是孩子，不管是贫穷还是富有，都应有自己的梦想，并为梦想而努力，在汗水中放飞梦想。

苏格拉底说："世界上最快乐的事，莫过于为理想而奋斗。"为梦想而拼搏的人，无疑是幸福的。但只有志存高远，脚踏实地并且努力付出汗水与劳动的人，才可能梦想成真。

人要为梦想而努力，让梦想变成现实，而不是让梦想变成抱怨的谈资，或到年老时，空留一地叹息与悔意。

宝剑锋从磨砺出，梅花香自苦寒来。如果你有梦想，努力去实现吧！将梦想付诸行动，多一分努力，多一分付出，多一分汗水，就会多收获一分快乐，少留一分遗憾！

马上行动，不要让梦想萎缩

经常在野外旅行或探险的驴友们，都有这样的经验：在繁星满天的夜晚，如果你在山中或野外迷了路，只要你能识别出北斗星，就等于找到了指路的标识，找到了出口。而在漫漫的一生中，如果能找准人生的北斗星，我们的人生就能避免误入迷途，一步步走向成功。

如果说梦想就是我们人生中的北斗星，那么，我们就必须努力行动，去寻找那片属于自己的灿烂星空。

人的一生，看似漫长，实际很短，几十年的光阴，不过弹指一挥间，短促得让人措手不及，于是人们就有了"时间太瘦，指缝太宽，青春太仓促"的感慨。可依然有许许多多的人，活得没有梦想，没有目标。也有一些人，有梦想，有目标，却总是纸上谈兵，说得多，做得少，不去努力。

有人说："梦里走了千万里，醒来还是在床上。"人不能总是只树立梦想，更不能在有了梦想之后，不去行动。只有梦想，而不付诸行动，那是白日做梦。

俞敏洪说:"一个人要实现自己的梦想,最重要的是要具备以下两个条件:勇气和行动。"梦想一旦被付诸行动,就会变得特别神圣。

可以说,凡成功者,都有想法,都能将想法付诸行动。例如马云,他是一个有想法的人,他脑中有很多精灵古怪的想法与创意,不同的是,他有了想法,会马上行动。

一个有事业追求的人,可以树立远大的梦想。虽然开始时梦想只是梦想,但只要将其付诸行动,不停地努力,不轻易放弃,就会好梦成真。

曾看过有关某知名作家的访谈节目,节目中,她谈及在美国留学的日子,那时,她是边打工边读书,所以,只能挤时间读书,别人一天能读几十页的书,她只能读几页。她将手臂上写满了单词,这样,在端盘子的时候也可以背书。为了实现理想,她白天喝咖啡,深夜吃安眠药来延长读书的时间。

虽然再也没有比那时候更苦的日子了,可女作家一直很努力,最终成了享誉文坛的名人。

人生只有用努力赢得的掌声与喝彩,没有因等待而成就的辉煌。如果你有梦想,就要朝着这个目标去努力,去奋斗。天上不可能掉下馅饼,也没有一蹴而就的梦想,更没有无缘无故的荣耀。

美国杰出的成人教育家戴尔·卡耐基,1909年毅然放弃销售卡车的职业，树立了"为生活而写作，为写作而生活"的梦想。他的作品《成功之道全书》成了出版史上的知名畅销书。

而他成功的秘诀，就是马上行动。他在书中写道："我们常常会有很多机会，可是却很少能发现并把握机会，因此，当发现机会时，我们需要立即行动。"

或许，大部分人都有梦想，甚至是很远大的梦想，有的人马上行动，结果，终于有一天，他心想事成；也有一些人，缺乏马上行动的魄力，只说不做，那么他梦想的花儿开得再绚丽，也会慢慢地萎缩、凋谢。

如果你有梦想，就不要做"语言的巨人，行动的矮子"，而是要将梦想付诸行动。梦想不付诸行动，就难以接近地气，难以萌出新芽，长出新绿，一天天地茁壮成长，更不会创造人生的奇迹。

如果你有梦想，而没有马上行动，就要做一下自我反省，是不是自己太懒？是不是需要克服懒惰的习惯？

有一个幽默大师曾说："每天最大的困难，就是离开温暖的被窝走到冰冷的房间。"他说得不错。当你躺在床上认为起床是件不愉快的事时，它就真的变成一件困难的事了。

以前，有一个商人无意中得到一块价值不菲的宝石，但却发现宝石上有一条裂缝。其实，如果商人能从裂缝处切开，就能得到两块价值连城的宝石。

商人找了许多老工匠，他们都不敢去切开宝石。后来，有一位年轻的工匠勇敢地站了出来，很快就切割成功了。

如此简单的事情，为什么老工匠不敢切割？如果究其原因，怕是老工匠担心失败之后所引发的后果吧！比如，切坏了宝石而无法赔偿……

在通往梦想的路上，最可怕的事情，莫过于拖拖拉拉，瞻前顾后。

很多有梦想的人，最可怕的习惯，就是很多事情明明已经计划好，却不敢采取行动。很多人有想法不敢马上行动，是由于有太多的担心，太多的顾虑，于是，畏首畏尾、瞻前顾后，做事时会变得犹犹豫豫，拖拖拉拉。

而时间之神的马车，呼啸而过，我们不知不觉，额头早已留下了道道辙印，不知不觉中，我们的梦想之花枯萎凋谢。

有人曾说："人并不是因为跑得不快而赶不上火车的，而是因为出发晚了才赶不上的。"

"若无闲事挂心头，便是人间好时节。"有了梦想马上行动，现在就做，不要等待，不要等得梦想的花儿都谢了。也不要给自己寻找等待的借口和理由，如果有梦想，就不要再等什么，马上行动吧！

成功学鼻祖拿破仑·希尔说：别人都能看出来的机会，绝对不能算是机会。这世界上没有绝对完美的事情，如果要等所有的条件都具备以后才去做，那就只能永远地等待下去，最终你将会失去所有的机会。

第二章 马上行动,不要让梦想萎缩

每一个人的梦想都如花似玉,都花枝招展;每一个人的梦想之花都光彩照人。而要想让梦想之花永不凋谢,就要马上行动,用行动与努力的阳光、雨露培育它,浇灌它,总有一天,它能结出最丰美的果子。

梦想，需要机遇来照亮

　　这个世界上，有一种遇见，是千载难逢，精彩不能错过；有一种遇见，是倾国倾城，美丽不可错过，这，就是与机会的遇见。

　　所谓机遇，就是与机会的不期而遇，倾心一遇。人生最幸运的是，在不经意间，或拐角处，与机会偶然相遇，并将它轻轻一握，紧紧地握在手中，转身之际，为梦想插上腾飞的翅膀。

　　机遇可遇不可求，机遇是梦想者的女神，是点亮梦想的灯火，是成就梦想的那道龙门，是将梦想变为现实的那一支神笔。梦想因为机遇而辉煌，机遇因为梦想而精彩。

　　每一个人的一生中，都会出现或多或少的机会。如果一个人有梦想，并抓住了机会，利用了机会，就能跃过梦想的龙门，实现自己的梦想。如果与机会擦肩而过，很可能就难以实现自己的梦想。所以，如果一个人有梦想，当机会来临的时候，要果断地抓住它，大胆地去实践。

第二章 马上行动,不要让梦想萎缩

如果你去过地中海东岸的沙漠,你就会发现,在那里的沙漠中,生长着一种与众不同的蒲公英,它不是像其他的植物那样如期发芽、生长,如果生不逢雨,或许,它们一生一世都不发芽、不开花。

有趣的是,只要下场小雨,蒲公英就会抓住这一难得的机会,迅速发芽、开花,并在雨水被蒸发之前,做完结子、传播等所有的工作。

当地人很喜欢蒲公英,常将它作为礼物送给亲朋好友,因为把它埋在花盆里,只要别忘了浇水,它就会生根、发芽、开花。

梦想与机遇是相辅相成的。每一个心怀梦想的人,要想实现梦想,都少不了一个很好的机遇,关键是要利用机遇。成功者都是善于捕捉机遇,利用机遇的人。没有抓住机遇,再美好的梦想,也可能被埋没。

什么是机遇呢?一位老师曾问他的学生。

有的学生说:"机遇就是你遇到了,别人没有遇到的那种特别的运气。"有的学生认为:"机遇就是别人对自己的关照。"

对学生的观点,老师没有评价是错是对,只是给学生讲了一件事情。

在泰国,很多地方都种了椰子,椰子树特别高,且树干光溜溜的,没有枝枝丫丫。每到收获椰子的季节,采摘椰子就成了一件特别困难的事。由于树高树滑,每年上树摘椰子时,都会有人受伤。

了解了这一问题后,一位椰农开办了一个驯猴学校,主要是训练猴子摘椰子的技术。之后,他就把这些训练有素的猴子卖给那些园主或者是想以出租猴子为业的农民。

没过多长时间,就有很多人来买或租训练后的猴子。短短几年间,这位椰农就成了当地首屈一指的大富翁。

椰农了解摘椰子的艰辛,所以,才开办了一个驯猴学校,这说明他善于发现机会,他发现并利用了机会,获得了成功。

牛顿因为一个苹果落在了自己头上,而发现了万有引力定律;少年伽利略偶然间看到了比萨大教堂内的吊灯来回摆动,就得出了著名的钟摆定律。

比尔·盖茨说:"机会与我们的事业休戚与共,她是一个美丽万分而又脾气古怪的天使。她会忽然来到你的身边,如果你稍有不慎,她又会飘然而去。不管你是如何扼腕叹息,从此,她都将一去不返,永不再来。"

对于有梦想的人来说,每一个机会都是特别宝贵的。或许,我们一生有很多机会,可机会再多,也不是你想遇就能遇见的。

机遇是蒙尘的珍珠,等待一双双慧眼来发现它。如果我们不留心,机遇即使近在眼前,我们也无法看清。如果机遇就在眼前,可我们没有抓住它,它也会转瞬即逝。

有梦想的人,最幸运的是,在机遇来临的时候,抓住了它,利用了它。

16岁的麦克斯韦,是一个十分爱学习的学生,但最初他到剑桥学习的时候,由于学习方法不当,他的学习成绩并不是很出色。

一天，他去图书馆借了一本数学书，在他借走了这本书后，剑桥大学的数学教授霍普金斯也来借这本书。

在霍普金斯看来，这书不是普通学生就能读懂的，一听这本书被一名学生借走了，霍普金斯教授便有些奇怪，就问是哪位学生借了这本书。管理员说这个学生叫"麦克斯韦"。

后来，霍普金斯教授找到了麦克斯韦，此时，这个年轻人正埋头做笔记，笔记本上记得乱乱的，没一点条理性。

霍普金斯对年轻的麦克斯韦特感兴趣，就对他说："小伙子，如果没有秩序，你永远成不了优秀的数学家。"

之后，麦克斯韦成了霍普金斯教授的学生。

在霍普金斯的指导下，麦克斯韦的学习成绩一路攀升，最后，他经过不懈的努力，终于成为一代科学大师。

机会无处不在，无时不在，关键在于你能否发现它，把握它。如果你能发现机会，并把握好机会，就会谱写出梦想的华美篇章。

每当有人成就一番事业时，总有人说要归功于运气或机遇。运气是什么呢？运气有着偶然性的因素在里面，而机遇则不同。

不要执迷于所谓的好运，如果有好运的话，也只会眷顾那些一直在努力为梦想而拼搏的人。那些成天望着天空，无所事事，一味地幻想得到免费馅饼的人，很难得到好运气或机遇的青睐。

智者创造机会，勇者把握机会，强者决不错过机会，弱者坐等机会。能够抓住机遇的人，多是提前做了充足的准备工作，多在雨季之前未雨绸缪，多会在春暖花开之时播下种子，会在炎炎夏日耕耘劳作,待收获季节来临时,必能收获累累硕果。

对每一个人来说,机遇都是公平的。人不会平白无故地与机会相遇,只有心怀梦想,并经过不懈的努力,在不断追求的路途中才能发现它,并好好利用它,让它发挥出应有的魔力。

唐朝的大诗人白居易才高八斗,但才到长安时,他一直在找一个让自己出名的机会。

后来,他听说顾况比较有名,于是就向顾况毛遂自荐。

顾况本来对白居易不屑一顾,但当他读了白居易的那首《赋得古原草送别》时,便开始对白居易另眼相看,并发出了"有如此之才,白居亦易"的感叹!

之后,顾况极力推荐白居易。在他的大力推荐下,白居易很快在京城长安名声大扬,有了立足之地。

每一个人都想实现自己的梦想,通往梦想的道路很长,而且关键的只有几步,不管何人,只要看清机遇,抓住机遇,把握好其中的每一个机会,就能谱写梦想的辉煌诗篇。

机不可失,时不再来。机遇稍纵即逝,如果你有梦想,一定要看清并抓住机遇,让机遇照亮成就的梦想。

看清机遇,该出手时就出手

对于每一个心怀梦想的人来说,机遇是最宝贵的。虽说机遇会光顾每个人,世界上每天都充满了各种各样的机遇,但机遇只会眷顾那些能看清它,并抓住它的人。

很多人总是叹息自己一生中没有成就梦想的机会。其实,机遇就在身边,只不过有时当它来临的时候,很多人没有看清它,自然也就没能抓住它。

春秋时候,楚国有个人叫养叔,养叔有一个特别了不起的本事,就是擅长射箭,能百步穿杨。

楚王听说养叔的射箭本领特别高,就让养叔来教他射箭。养叔把射箭的技巧都教给了楚王,并让他练习了一段时间。

经过练习,楚王自认为自己的箭术学得差不多了,就让养叔跟他一起到野外去打猎。

打猎时,楚王让人将躲在芦苇丛里的野鸭子赶出来。之后,楚王弯弓搭箭，正要射死野鸭子，此时，有一只山羊跳了出来。

"如果能一箭射死山羊，可比射中一只野鸭子要好得多吧！"楚王又将箭头对准了山羊，准备射它。

没想到此时，又有一只梅花鹿跳出来，于是楚王又想射梅花鹿。当楚王弯弓搭箭，正要射死梅花鹿时，又出现了一只苍鹰。自然，楚王又想射苍鹰。

整个打猎过程中，楚王因为朝三暮四，错过了射杀动物的最好时机，结果什么也没有射中。

一个人不会时时都有机遇，如果机遇来了，没能及时抓住，就难以再遇见机遇。所以，在机遇来临时，一定要一心一意地抓住它，不能朝三暮四。要想在正确的时间，遇到最美好的机遇，一定要努力发现机遇，要有大智慧和敏锐的眼光。

机会就像美丽的精灵，只有目光如鹰般敏锐的人，才能发现机遇并抓住它。

苏格拉底的三个学生曾问他："怎样才能找到理想的伴侣？"

苏格拉底没有正面回答学生的问题，而是让他们沿田埂前行，只许前进，且只给他们一次机会，让他们摘一穗最好最大的麦穗。

第一个学生走了几步，就看见一穗又大又好的麦穗，他高兴地摘下麦穗。不过，等他再向前走的时候，却发现前面的麦穗比他摘的麦穗个大，但他已经没有机会了，只得遗憾地在麦地走了一圈。

轮到第二个学生摘麦穗时，他吸取了第一个学生的教训，每当他要摘麦穗时，总要提醒自己，后边还有更好的麦穗。结果，当他快到终点时，才发现已经没有机会摘最好最大的麦穗了。

第三个学生吸取了前两个学生的教训。当走过三分之一的麦田时，便把麦穗分出大中小三类；再走三分之一的麦田时，就验证一下自己的观点是否正确；等走到最后三分之一的麦田时，他选择了其中最大的一穗麦穗。

这一穗麦穗也许不是田里最好最大的一个，但却是三个学生所摘取的最好最大的麦穗。也就是说，只有第三个学生很好地把握住了老师给的机遇。

这个世界不是没有机遇，而是机遇只会垂青于那些有能力的人，垂青于有心人，垂青于那些善于思考的人。如果我们有没有能力，不时时留意，没有一个爱思考的头脑，即使你被树上落下的苹果砸着，也无法像牛顿一样，捕捉到成功的机遇，反而会抱怨苹果砸着了自己。

据说，瑞士发明家乔治·德·梅斯特拉尔爱带着狗去森林里散步。1948年的一天，他与狗去散步，当他与狗从牛蒡草丛经过时，他发现，自己的裤腿上和狗身上都沾满了一些刺果。这些刺果的黏性特别大，他花了很长时间，才将狗毛与自己裤腿上沾着的刺果弄下来。

回家后，乔治用放大镜仔细观察狗毛与自己裤腿上的这些刺果。最终，他发现，有几百个小钩子钩住了毛呢的绒面和狗毛。看着看着，突然，他有了一个灵感："如果用刺果做扣子，肯定会独一无二的"。

8年后，乔治的梦想——用许多钩子钩住一大堆线圈就成为现实了，这就是我们在生活中使用的尼龙扣。现在，我们的衣服、窗帘、椅套等，都有这种"扣子"。最有意思的是，连航天员都用它把食物包"挂"在太空载具的墙上，并让他们的靴子能附在地板上。

机遇是美丽的，也是转瞬即逝的，如果你没有一双火眼金睛去识别它，没有非凡的能力去抓紧它，它就会渐行渐远，翩然离去，不管你怎样追悔莫及。所以，要想抓住美丽的机遇，我们先要付出汗水与努力。

在通向成功的路上，很多人不愿行动，不想吃苦，不愿意背负压力，不愿走狭窄险峻的山路。自然，他们就不会抓住机遇，抵达梦想的高峰，不会体验到"会当凌绝顶，一览众山小"的那份洒脱。

也有一些人，舍得付出，不怕流汗，于是，他们在机遇来临时，及时将其抓住，最终实现自己的梦想。

机遇不是别人给予的，而是靠自己的努力去得到的。不努力争取机会的人，在机遇来临时，往往只能眼睁睁地看着它从眼前溜走；而那些平时努力争取的人，总是在慢慢地积蓄力量，待机遇的灵光稍一闪，便能紧紧地把握住，获得成功。

"诸葛亮借东风"、"李闯王渡黄河"绝非偶然所致，而是因为在之前，他们掌握了很多天文、气象等方面的知识，所以，他们能抓住机会。

机会只垂青于那些有准备的头脑。一个人要想抓住机会，就要在寻常的日子，读更多的书，学更多的本领，不断提升自己的能力，以不断地积蓄成长的力量。

有人说:"碰不到机遇,就自己来创造机遇。"机遇从来不是偶然得来的,也不是苦等而来,而是在不断的追求中全力以赴捕捉到的。机遇之门要靠自己的双手来打开,所以,有梦想的人,每天都要不断地努力,不断寻找机遇,不断创造机遇,这样,才能与机遇有一场美丽的邂逅。

机遇无处不在,当一个人有了足够强大的能力,才能在发现机遇时,果断地捕捉到机遇;才能在机遇来临时,果断地出手,抓紧机遇,而不是让机遇白白地溜走。

梦想没有捷径，只有稳稳地向前

有一首歌唱得好："我要稳稳的幸福，能抵挡末日的残酷……我要稳稳的幸福，能用双手去碰触……"

现代社会，很多人总是想在最短的时间，完成某一件事情，想及早拥有幸福的生活。

可幸福没有捷径，在通往幸福的路上，不能急功近利，而是要通过踏踏实实地努力来收获幸福，这才是一份稳稳的幸福，同样，在通往梦想的路上，也没有捷径，只有一条努力付出、不断打拼的路。在这条路上，只能不急不躁，按部就班，一步一个脚印，稳稳地向前。

很多人心怀梦想，却总是急功近利，结果，只能步入歧途，或者离最初的梦想与目标越来越远。

看过一则这样的漫画：

在漫画中，有一些人，他们都背负着一个沉重的十字架，在缓慢而艰难地朝着目的地前进。其中，一个人可能是走累了，就停下来了。他想：这个十字架实在是太重了，就这样背着它，什么时候才是个头啊？

于是，他想出了一个好主意：将十字架砍掉一块。于是，他就将十字架砍掉了一块。

果然，再向前行走的时候，就感觉轻松多了，走得也快多了。

以后，只要感觉累了，他就会将十字架砍掉一块。于是，他总能轻松地走在队伍的最前面。

可是走着走着，突然，前方出现了一个又深又宽的沟壑。沟上没有桥，周围也没有路，该怎么过去呢？

他正感觉不知所措的时候，后面的人都慢慢地赶上来了，这些人一见前面的沟壑，就将自己背负的十字架拿下来，然后搭在沟上，架起了一座桥，并从桥上穿过了沟壑。

此时，他也想跟其他人一样，用十字架搭一座桥，可惜，他的十字架已经被砍掉了很多，以现在的长度与宽度是无法做成桥的，他没办法跨越沟壑。

结果，当其他人继续前行时，他只能在沟壑边上叹气，着急。

在通往梦想的路上，是没有捷径的，就算是有一些所谓的捷径，也可能是弯路或险滩罢了。所以，不要想走什么捷径，更不能投机取巧，而是要稳稳地向前。

或许，有些路很坎坷，但如果是必须要走的，就不要逃避或绕路而行，不然，就会步入弯路或歧途。如果有些路陡峭，但必须要走，就不要着急，要慢慢地走，要一步一个脚印，不然，就会摔跟头，甚至摔个头破血流。

　　有一个朋友是滑雪教练，他说过这样一件事，很是让人深思。他的一些学生总是在学了几天之后，还不能自如地驾驭坡道，甚至还不能做到熟练地停下和变换方向，就急于坐上缆车，到山顶去挑战那些非常陡峭高难的坡道。结果，一到山顶，看着下面的滑道，他们便吓得不知如何是好。

　　也有的学生想从山顶上滑下来，但多半是他们沿着坡道越滑越快，无法停下，最后摔个狗啃泥。自此之后，有些学生因此产生恐惧心理，再也不敢穿上滑雪板滑雪了。

　　按理说，要想学会滑雪，要先按部就班地在初级滑雪道上练习，练习到可以熟练地停止和变换方向之后，才能坐缆车到高处去挑战更难的坡道。

　　这些学生还没将基本功练好，就想挑战陡峭高难的坡道，是想急于掌握滑雪的高难技术，这种心情可以理解。但他们不明白的是，这个世界上没有所谓的捷径，凡事要一步步地来，滑雪也是如此。要想拥有一流的滑雪技术，得勤加练习才行，而不是急于求成。急于求成，结果只能是适得其反。

　　有一个朋友的体重有些超重，这些年一直在减肥，但她减肥的理念，让人不敢苟同，因为她一直在找"快速减肥"之类的秘方，每年，她都花费大笔金钱去买各种减肥药和减肥器械，可每一年她的体重都没下降多少。也有时,体重能下降10斤左右,可过不了多长时间,便又反弹上来,体重反而更超标。

今年上半年,朋友购置了一台家用减肥设备,这台设备的操作特别简单,据说,通电之后,它能自动刺激腹肌收缩。朋友以为有了这个工具,就可以轻松地减肥了。然而,这位受不了节食之苦,又不想通过体育锻炼来减肥的朋友,直到现在,她的体重依然是严重超标。

饭要一口口地吃,不可能一口就吃成个胖子。路要一步步地走,不可能一步就行千里。同样,减肥也要一点点减,而且要长期坚持,既不能期待几天之内减成骨感美女,也不能三天打鱼,两天晒网,那样,也是无济于事。

无论你有着怎样的梦想,只能一点点地努力,即使你看到有人一下子成功了,成为知名作家或音乐家,那也是通过一天天的积累和努力而得到的,并不是靠投机取巧而成功的。

有一次,几个年轻的文学爱好者前来拜访契诃夫,向他请教如何写出人见人爱、广为流传的作品。

契诃夫把一个厚厚的本子交到他们手上,说:"这里面都是我平时积累的素材,你们先看一下吧!"

这个本子中有一百多个素材,全都是契诃夫在日常生活中所观察,并认真记录下来的。

几个年轻人一边翻看,一边感慨万千。

而契诃夫让他们看这个本子,是想叫他们明白,好的作品并不是凭空编造出来的，而是日积月累取得的成果。那些看似出口成章的大作家，也都是先打好自己的"地基"，然后才能一步一步地建造起华丽的"高楼"。

追逐梦想的过程如同万里行船，远方的彼岸开满了美丽的花朵，要想摘取，只有付出艰辛的努力，一步步前行，别无捷径。所以，不管有什么梦想，不管做什么事情，都要稳扎稳打，一步步地向前，而投机取巧，则很可能会一步踩空，跌入失败的深渊。

英国青春剧《成长教育》，讲述了一个女孩珍妮的成长故事。16岁的珍妮在英国伦敦乡下一所女子学校的预科班学习，她是一个聪明开朗的小姑娘，学习成绩也很棒，周围的人都感觉她能进入牛津大学继续深造。

有一天，她遇到了一个叫大卫的男人，并疯狂地爱上了他。大卫带她见识了大都市的生活，这是珍妮梦想的生活，而让她想不到的是，这样的生活竟然那么容易就得到了。于是，她很快就迷恋上了这样的生活，而不知今夕何夕。

时间一天天过去了，突然有一天，她开始反思：这样的生活是不是自己真正想要的。经过反思，她意识到努力实现自己梦想的重要性，意识到学习与读书的重要性。

后来，她重返学校学习，经过一年的努力，她考上了牛津大学。

《成长教育》中最经典的台词就是"如果年轻的时候你不知道你

想要什么，那你就好好读书"。

在实现梦想的路上，很多人想走捷径，期待一步登天，平步青云。但天下没有免费的午餐，无论你的梦想是成为千万富翁，还是想成为哪一个行业的名人，都必须要踏踏实实地努力，要下苦工夫去完成应该做的事。在通往梦想的路上，只能按部就班地前行，而不是想方设法地投机取巧，或急于成功。

如果你有梦想，就踏踏实实地去努力吧！努力保持不急不躁的淡然心境，努力用汗水撒下一路歌声，努力留下更多坚实的脚印，努力在实现梦想的路上稳稳向前！

从哪里跌倒,从哪里爬起来

科学家贝弗里奇曾说过,人们最出色的成就往往是在逆境当中完成的。所谓成功,不过就是从无数次的失败中,再站起来。

在通往梦想的路上,一向是有坦途,也有险坡;有一马平川,也有高山峻岭。行走险坡,行走于高山峻岭之间的时候,难免会跌跟头、摔跤,此时,我们要敢于爬起来,然后,继续向着梦想前行。

从哪里跌倒,就从哪里爬起来,是一种坚韧不拔的品质,是一种顽强不屈的个性,是成功者必备的大智慧。

还记得我们蹒跚学步的时候吗?那时,我们总是要不断地摔倒,摔倒后会哇哇大哭,然后,又慢慢地从摔倒的地方,哭着站起来,然后,继续走路。

还记得稍大后,跟同学去滑冰场学滑冰的情形吗?那时,不仅自己,更多的人,在最初学滑冰的时候,总是会经常摔跟头,然后,忍着伤痛,从跌倒的地方慢慢站起来。只要伤势不是很严重,就会继续练习滑冰。

从哪里跌倒，就从哪里爬起来，这是强者的通行证，是强者的座右铭，是实现梦想的不二法则。

在好莱坞，小罗伯特·唐尼是可圈可点的大明星。他在追梦的路上，也跌过大跟头。

1973年，只有8岁的小罗伯特·唐尼开始吸毒，之后，又有了酗酒的恶习。曾经有一段时间，小罗伯特·唐尼的生活一片混乱，他生活中出现频率最多的词是拍戏、吸毒、酗酒、闹事、入狱、出狱、再演戏、再吸毒、再酗酒……

小罗伯特·唐尼放荡不羁、自甘堕落的生活，让很多人都对他不再抱有希望，很多人都认为他是坨扶不上墙头的烂泥，很多人认为他这一辈子就这样毁了。

浪子回头金不换。2004年，小罗伯特·唐尼先是向公众勇敢地承认自己吸毒和酗酒的毛病。之后，开始努力改变自己，远离那些让人深恶痛绝的恶习。

两年后，一个偶然的机会，小罗伯特·唐尼获得了出演《钢铁侠》的机会，自此后，他努力打拼，最终，他一跃成为好莱坞的一线明星，改变了自己的命运。

跌倒，不代表着从地上站不起来。可很多人在跌倒的时候，会感觉生活没了任何希望，甚至是走到了希望的尽头，于是，就待在地上不想起来。也有的人会自然地爬起来，拍拍身上的尘土，继续赶路。还有的人会坐在地上，稍稍犹豫一下，或者想一下，我为什么会跌倒呢？如果想不明白，也会站起来，继续前行。

其实，在通往梦想的路上，跌倒是难免的，如果不你不小心跌倒了，不要悲伤，不要哭泣，而是要从哪里跌倒，就从哪里爬起来。因为悲观哭泣都于事无补，只有爬起来，继续前行，才能到达目的地。

莫尔斯原本是一个画家，后来，他有了发明电报机的想法。

于是，他兴冲冲地买来了很多实验仪器和工具，夜以继日地在实验室里做实验。他的实验桌上堆满了磁铁、导线和线圈。他设计了一个又一个的方案，绘制了一幅又一幅的草图，可他做了无数次的实验，却都以失败告终。

实验失败后，莫尔斯也曾经失望过，也有过想再去当画家的想法，但每次当他拿起画本，看到自己在本子上写的"电报"字样时，便又想起自己的梦想，于是，他就开始冷静地分析失败的原因，开始总结经验与教训。最终他发现，利用电磁铁做成电铃来发信号是行不通的，必须寻找其他方式。

为此，莫尔斯拜著名电磁学家、感应电流的发现者亨利为师，虚心求教，在亨利的启发下，他终于有了解决这一问题的方案。

最终，莫尔斯研制成功了一台传递电码的装置，他满怀希望地把它称为"电报机"。

之后，又经过十年的努力，莫尔斯用自己研制成功的电报机，向巴尔的摩发出了人类历史上的第一份电报："上帝创造了何等奇迹！"

实际上，与其说上帝创造了奇迹，不如说是坚强的意志在创造奇迹，是跌倒再爬起来的那份果敢与勇气，在创造奇迹。

跌倒了，只要能爬起来，即使你摔的跟头很大，即使是摔得鼻青脸肿，你都有机会实现梦想。反之，如果跌倒了，你爬不起来，甚至从此吓得不敢在通往梦想的路上继续前行，那么，你就难以品尝到成功的喜悦。

曾经看过一则对话：有一个人不小心摔倒了，但是他没有马上爬起来，此时后面刚好有一个和尚走过来，那个人就问："我摔倒了怎么办？"

和尚说："摔倒了就爬起来啊。"

"爬不起来怎么办？"

和尚说："爬不起来那就继续摔倒。"

很多时候，我们摔倒了，就趴在地上不动，是因为没有爬起来的勇气与能力。所以，如果你跌倒了，不要怕，要分析自己摔倒的原因，是因为路太难走，还是自己走路的姿势有问题？如果是因为路本身的原因，那我们就多加小心，或另觅他径。

很多人跌倒了，总是担心自己会成为人们的笑话。其实，在实现梦想的路上，人人都有跌倒的时候，如果你忍受着痛苦爬起来，或许，会得到别人的帮助，而如果你丧失了爬起来的意志和勇气，当然不会有人来帮助你，只能让别人看轻。所以，跌倒的第一时间，一定要努力爬起来。或者，想一想为何自己会跌倒，如何避免以后跌跟头、摔倒。

行走于追梦的路上,跌倒、摔跟头是难免的,这些并不可怕,可怕的是很多人因此对梦想失去了希望,或者缺少再爬起来的勇气。所以,如果你跌倒了,一定要咬紧牙关,给自己一份勇气,一份鼓励,让自己重新站立,然后,再一路高歌,不抵达梦想的彼岸决不罢休。

第三章
一辈子，总要为梦想拼搏一次

庄子说："人生天地间，若白驹过隙，忽然而已。"在短暂的一生中，有人自甘平庸，也有人为梦想孜孜以求。所谓人各有志，凡事不强求，但如果你有梦想，就要为自己的梦想拼搏，为梦想而奋斗，在梦想中放飞自我，这样的人生才算没有虚度，才有意义。

一辈子，总要为梦想拼搏一次

庄子说："人生天地间，若白驹过隙，忽然而已。"人生很短，在这短短的一生中，我们总要为梦想打拼一次。

有一首歌《飞得更高》，相信大家都不会陌生，歌中唱道："我知道我要的那种幸福就在那片更高的天空，我要飞得更高，飞得更高，狂风一样舞蹈，挣脱怀抱。我要飞得更高，飞得更高，翅膀卷起风暴，心生呼啸，飞得更高！"

而一个人要想飞得更高，只有一个方法，那就是不遗余力地为梦想拼搏，全力以赴地为梦想打拼。

在现实生活中，很多人都会为梦想拼搏。而有的人之所以成功，在于他们敢于追求梦想，为了梦想以狂热的精神付出巨大的努力。

的确如此，为梦想努力拼搏一次，是值得的。

看过一期最著名的电视选秀节目《英国达人》。节目开始时，只见一个相貌平平，打扮得有些土气的中年女人上场了。这个其貌不扬的女士就是苏珊·博伊尔，一个有梦想的女人。

但博伊尔的追梦之路，却是一波三折。

博伊尔出生时，因缺氧导致脑部受损，影响了以后的学习，加上她相貌不出众，从小就是同学嘲笑、欺负的对象。

再后来，母亲生病了，由于要全心照顾母亲，博伊尔只好将自己的歌星梦暂时搁置了起来。

但在心里，她从没有想过放弃自己的梦想，从没想过要放弃歌唱。前两年母亲去世了，博伊尔又重拾了自己的梦想，致力于成为一名专业的歌手。

而参加这场选秀节目，则是在她母亲过世两年后的首次演唱。

演唱前，有评委问她："你的梦想是什么？"

博伊尔回答道："像音乐剧著名演员伊莲·佩姬那样，做一名专业的歌手。"

听博伊尔这样说，评委与台下观众都有些不以为然，甚至有一些观众喝起了倒彩。

但当她开始演唱《悲惨世界》里的曲目《我曾有梦》时，观众立马发出了由衷的赞叹。很快，经久不息的掌声就一浪高过了一浪。听了博伊尔如天籁之音般的歌声，评委们更是大跌眼镜，给了她三个"YES"！

这三个"YES"，意味着博伊尔离梦想的距离越来越近了。

每个人都有属于自己的梦想，有的人梦想成为文思如泉涌，下笔如有神的作家，有的人梦想成为纵横捭阖的政治家，有的人梦想成为驰骋商场的商人，有些人想当一名音乐家，还有些人想当一个勇敢的探险家……不管要实现什么样的梦想，都需要全力打拼。

在我们身边，很多人有自己的梦想，可却害怕去实现，确切地说，是害怕通往梦想途中可能遇到的挫折与失败，而一直对自己的梦想犹犹豫豫。

其实，人做每件事都不是一帆风顺的，梦想也是如此，没有人的梦想是轻而易举地成为现实的。人要实现梦想，总要经历挫折与失败，才能得以实现。所以，有梦想的人，不应该害怕挫折与失败，更不应因此而不去努力。

一个人在为梦想打拼时，遇到失败并不可怕。可怕的是当你白发苍苍，回首往事时，会心生无限悔意——"当初，我应该全力以赴，如果我全力以赴，可能就实现了自己的梦想。"

梦想是风，行动是帆。只要我们有梦想，就应该为梦想全力打拼，不管现实有多么无奈与残酷，不管通往梦想的路上有多少失败与挫折，我们都要努力奋斗，直到自己的梦想之花灿烂开放。

《真心英雄》中有这样的歌词："把握生命里的每一分钟，全力以赴我们心中的梦，不经历风雨，怎么见彩虹，没有人能随随便便成功！"

贝多芬的梦想是成为音乐家，在追求梦想的路上，他从来没有一帆风顺过，但即使是面对失聪这样巨大的绊脚石，他也没有退缩，而是以极大的热情创作音乐。他以超人的毅力创作了《英雄》《命运》这样充满悲剧色彩的交响乐，还在他生命中最艰难的那段时间里谱成了不朽的《欢乐颂》。

一位伟人曾说:"人们临终前最常说的一句话就是,人这一辈子啊,太短了。"在短暂的一生中,有人自甘平庸,也有人为梦想不断努力。人生有很多活法,但没有为梦想全力打拼的人生,最没有价值与意义。当人们站在生命尽头,蓦然回首时,总是会发现有好多梦想没有实现。此时,他们真正后悔的,多是没能尽100%的力量实现梦想。可再后悔,也已经晚了,来不及了。

如果你有梦想,如果你还年轻,不要等待,也不要悲观,而要有孤注一掷的勇气,要敢于尽情挥洒人生最美的年华,要敢于在青春岁月中,努力为梦想打拼,为梦想舍弃一切。这样的青春也许不奢华,也许有些淡淡的苦,但却最光彩夺目,最无怨无悔。

为梦想,该吃的苦一定要吃

很多人喜欢喝咖啡,为咖啡的芬芳所迷醉,可在喝咖啡时要加很多糖,因为他们喝不了咖啡的苦味,或是不喜欢那或浓或淡的苦味。

也有一些人喜欢喝咖啡,是喜欢它芳香中暗藏的苦味。因为在他们看来,苦才是人生的真谛。有时,苦就是甜;有时,吃得苦中苦,方为人上人。

一朵花在绽放时,需要忍受撕裂之苦,一个薪芽在萌发之时需要饱受钻泥之痛,一只蝴蝶在化蛹成蝶之际要忍受蜕变之苦。

很多人不愿吃苦,不想吃苦,不能吃苦。但一个有梦想的人,必须要学会吃苦。在为梦想而打拼的时候,需要吃苦耐劳,吃尽天下必吃之苦。一个有梦想的人,要甘于为实现梦想艰苦奋斗,付出辛勤的劳动。

许多年前,一个女孩来到东京帝国酒店当服务员,让她想不到的是,上司竟然安排她去洗厕所,并且要求女孩要将马桶洗得光洁如新。

可来酒店之前,女孩没有洗过一次厕所。所以,对于她来说,这是一件苦差事。每当她用手拿着抹布伸向马桶时,她的胃里立马翻江倒海,恶心得想吐,却又吐不出来。

一时间,她不知如何是好了,是继续干下去还是另谋职业?

正当她进退两难之时,一位前辈及时地出现在她的面前。前辈一遍遍地擦洗着马桶,直到擦洗得光洁如新。

从此以后,女孩子像换了一个人,开始努力地洗厕所,并暗下决心:"就算一生洗厕所,也要做一名洗厕所最出色的人!"

有了梦想的女孩,开始喜欢上了自己的工作,慢慢地,她的工作质量也能与那位前辈比肩了,并由此迈出了人生最坚实的一步。

几十年光阴一瞬而过,后来,女孩成了日本政府的高级官员。

孟子说:"故天将降大任于是人也,必先苦其心志,劳其筋骨,饿其体肤,空乏其身,行拂乱其所为,所以动心忍性,曾益其所不能。"

做一个有梦想的人,必须先学会吃苦,先有吃苦精神,这样,才肯为梦想全力以赴。

看戏的人,多有这样的体会,戏到深处时,多一言不发,一门心思地静心看戏,此时,台上唱戏的主角就会渐入佳境,彰显自己非凡的功力。可台上一分钟,台下十年功,一个名角的成功,靠的多是平时坚持不懈的刻苦练习。

在通往梦想的路上,在困难与挫折面前,不同的人,有不同的选择。

有些人，因怕吃苦而选择退缩；有些人不怕吃苦，就会选择勇往直前。选择不同，自然结果不同。不能吃苦的人，通常会放弃梦想；能吃苦的人，通常迎难而上，一路披荆斩棘，克服重重困难，这样的人离梦想会越来越近。

东汉时候，有一个叫孙敬的人。他年轻时志存高远，勤奋好学，特别能吃苦。

最让人佩服的是，他读书比普通人要努力得多，经常关起门读书，甚至是废寝忘食。但他也像普通人一样，读书时间一长，会感觉累，有时困得直打瞌睡。

为了不影响自己读书、学习，他就想出了一个特别的办法：找一根绳子，把自己的头发牢牢地绑在房梁上。当他困了打盹时，头一低，绳子就会牵住头发，就会把头皮扯痛。感觉痛了，他的大脑就会清醒，于是，他就继续读书学习。通过不懈的努力，最终，他成为了著名的政治家，也留下了一个流传千古的头悬梁的故事。

梦想是春天里最娇艳动人的花，是夏天最婆娑的树枝叶，是秋冬时节晶莹的遐思和畅想，除了艰苦奋斗的付出，没有什么能浇灌它们，成就它们。

很多人感觉吃苦很不爽，其实，有时多吃一些苦，多遇到一些挫折，是一种历练，一种资本，拥有这种资本，人生才能从容不迫，梦想才有可能变为现实。

1992年的马云是杭州电子工业学院的青年教师,他与几个合作伙伴一起,成立了杭州第一家专业的翻译机构。

创业伊始,入不敷出。那时,每个月的房租就是2400元,可第一个月翻译社的全部收入才只有700元。要是换了别人,可能早就收摊撤人了。

能吃苦的马云没有想过放弃,为了维持翻译社的生存,马云开始贩卖内衣、礼品、医药等小商品,不管多苦多累,什么能赚钱,他就做什么。

1995年,他的翻译社开始赚钱了,马云也为日后的再次创业打下了基础。

某知名女作家说,"想要成为一名作家,必须要学会吃苦,学会等待。"如果你努力奋斗,能吃苦,梦想就会带你在成功的路上勇往直前,直到创造非凡的奇迹。

1867年11月7日,居里夫人出生在波兰华沙市的一个教师家庭。她10岁时,母亲去世,家境一时陷入贫困之中。但这样的家庭环境,却培养了她吃苦耐劳的个性。

1897年,居里夫人看到亨利·柏克勒尔发现铀具有放射性的报告,这让她产生了极大的兴趣。

为了证实镭的存在,居里夫人与居里在一间夏天很热,冬天特别冷的破旧棚屋内,做各种研究工作。自1898年到1902年,他们两人经过坚持不懈的努力,终于从几十吨铀沥青矿废渣中提炼出十分之一克纯镭盐，并测定了镭的原子量。1903年，居里夫妇和柏克勒尔共同获得了诺贝尔物理学奖。

1906年，居里先生突遇车祸离世。居里夫人以坚强的意志战胜巨大的悲痛，很快地，她又承担了居里先生在巴黎大学的课程，并指导实验室工作。

凡经历过跌宕起伏的人，都明白这样一个道理：温室里只能培养娇嫩的花朵，却培育不出傲雪的青松。雄鹰只有在高空中飞翔，才能练成搏击的翅膀。人只有经历种种困难，历尽千辛万苦，才能有辉煌的成就。

吃苦是成就梦想的资本，是磨炼坚强意志的"磨刀石"，有梦想的人，一定要有吃苦的精神准备，要能适应艰苦的环境，能以苦为乐，坚守梦想。

如果你要实现梦想，成就一番非凡事业，就要学会吃苦，要甘于吃应该吃的苦，乐于吃应该吃的苦，能承受应该承受的挫折，这样，在遇到困难与挫折时，才会淡定以对，而不是不知所措；才能在追梦的路上，兵来将挡，水来土掩，多一些从容，少一些慌乱。

逼迫自己一下，就知潜力有多大

很多人羡慕那些成功者，羡慕那些好梦成真的人。其实，每一个人的成功都不是偶然的，每一个人成功的背后都有个推手。有时，这个推手就是你自己，关键时刻，你逼迫自己一下，看似不可能实现的梦想，就会变为现实。

一位中年朋友告诉我说，他又在学英语了。朋友今年已经42岁了。似乎从大学毕业，他的英语就被慢慢搁置了。参加工作后，他学了日语，以为自己在日企工作，只要学好日语就万事大吉了。

可他因工作调动的原因，自明年起要去英国待上三年，无奈之余，只好硬着头皮恶补英语，逼着自己拾起快要被忘光的英语。

按理说，40多岁的人，记忆力和专注力都较年轻时有所下降，再学东西会比较吃力，可他还是尝试着每天逼自己反复记一些单词，有时间就逼自己去英语角，向他人请教英语发音；看电影和杂志时，他总是逼自己看英语电影，读英文杂志……他用各种方式逼着自己学英语。

半年的时间过去了，朋友已经能用英语与人交流了。他说，自己这一把年纪学英语也不是很难，只要经常逼自己一下就可以了。

逼自己一下，就知自己有多优秀；自己逼一下，就知潜力有多大；逼自己一下，也能实现远大的梦想。

每一个人都有实现自己梦想的潜力，要最大限度地发挥自己的潜力，要让自己的潜力宇宙爆发出更大的能量，关键看你是否能逼一下自己。

很多人的口头语是"我不行"，"我哪行"，"我没那本事"……其实，你只要去做，大胆地去做，就肯定能行。

有一位父亲，他最近买了一辆卡车。

他的儿子16岁了，自小就喜欢玩具汽车，见了这辆汽车，特别喜欢。只要有机会，他就去驾驶室内坐坐，摸摸方向盘，踩踩刹车。有时，父亲也教他一些基本的驾驶技术与常识。

没多久，儿子就掌握了基本的驾驶技术了。

有一天，刚学会开车的儿子将车开出了自己的家，还没走多远，一个不小心，车子就翻到一边的水沟里去了。父亲以最快的速度跑到翻车的地方，到了那里，他看见儿子被压在车子下面，只有头露在外面，情况万分危急。

虽然这个父亲的身材并不高大，而且有些瘦弱，但在儿子生命受到巨大威胁的时候，他毫不犹豫地跳进水沟，双手伸到车下，把车子抬高，让另一位帮忙的人将儿子从车下救了出来。

第三章 一辈子，总要为梦想拼搏一次

之后，人们觉得很不可思议：怎么他一个人就把汽车抬起来了呢？因为好奇，就让他再试了一次，可他再也不能搬动那辆汽车了。

或许这个父亲本身就有一种超能量，平时无法发挥，当他看到自己的儿子被压在车下时，他一心想去救儿子，一心只想把压着儿子的汽车抬起来，正是危急时刻这种爱的巨大力量，使他的潜能得到了充分的发挥。

每一个人都有着无穷的智慧，都有巨大的潜在的能量，甚至是超能量。在孩子遇到危险的时候，不仅是父亲，做母亲的，也能发挥这种巨大的潜能。

有个孩子的母亲，每天都在家照顾她两周岁多的儿子。

一天上午，在玩累的孩子睡着后，母亲就将儿子放在小床上，然后，她就去附近的超市购买日用品。

这位母亲买了日用品，快到自己家楼下时，由于心中想着儿子是不是醒了，会不会淘气，就不由自主地向自己家的阳台看了看。可这一看，却让她傻了：她发现，自己家的阳台上有个黑点在蠕动。

"哇，儿子醒了，跑到阳台上来了，这多危险！"她不敢再想下去，只疯了似的往自己家的阳台下跑，边跑边喊："孩子不要动！"

但是孩子根本听不见，他只看到妈妈朝他这边跑来，反而更兴奋地往外爬。

眼看儿子爬上了护栏，快掉下来了，这位母亲更是加快了速度，拼命地跑，巧的是，刚好在儿子掉下来的一刹那，母亲跑过去将儿子

稳稳地接住了。

前苏联学者衣凡·叶夫莫雷夫指出:"人的潜力之大令人震惊。我们若迫使大脑开足一半马力,将能毫不费力地学会40种语言,把《苏联百科全书》从头到尾背下,完成几十个大学的课程。"

人的潜力是巨大的,一般人仅用了不足1%的脑力,即便像爱因斯坦这样的天才人物,一生也只用了脑力的2%左右。

很多人在做某件事情时,常感觉很难,甚至感觉力不从心。显然,他是没有到被逼无奈的时候,有时候,狠狠地逼一下自己,就会发现,做某件事情不是很难,完全能够做到。

古人云:"世上无难事,只怕有心人!"有时候你不用心逼自己一下,你永远不知道自己的潜力有多大。

有时候不逼自己一下,也不知道自己有多优秀。有个人在学会游泳之前,觉得这是一件特别困难的事情。可到了28岁,遇到心仪的女朋友让他学游泳,他不得不去学习,不得不逼着自己学习,结果,他很快就学会了游泳,甚至游得比女朋友都棒。

很多时候,很多事情,我们会抵触,会害怕,其实,只要试着去做,逼自己去做,就会发现,这些事情远没有我们想象得那么复杂,那么困难。有时,一件事情是否能做成,只是做不做,努力做还是不努力做的区别。

很多人有这样的体会,每天早晨起床的时候,总感觉起床很难。其实,只要逼着自己起身,就不会感觉起床有多难,也不会感觉在床上有多么好了。

人的潜力是无穷的,所以,在通往梦想的路上,不要怕吃苦,每天逼自己早点起床,做一些应该做的事情,比如,在家读一会儿书,出去锻炼一下身体。

人的潜力是无穷的。所以,在通往梦想的路上,不要怕承受苦难,忍受失败。在遇到失败的时候,逼自己去接受,在感觉绝望的时候,要逼自己坚持,并相信"车到山前必有路",那么,你会很快远离困难与困境。

给自己一个高远的梦想,不要怕自己实现不了;给自己很多个梦想,不要给梦想设定什么限制,不要害怕自己这也做不到,那也做不到。只要狠狠逼自己,尽自己所有的智慧和全部的精力去努力,总有一天,你会收获成功。

做自己喜欢的，做自己擅长的

在通往梦想的道路上，有些人打拼了很多年，终于如愿以偿；有些人打拼了很多年，却依然离梦想中的生活很远，梦想依然遥遥无期。于是，有亲朋好友就鼓励他坚持下去。

坚持就是胜利，坚持固然没有错，但就怕是错误地坚持。为梦想坚持努力没有错误，就怕是在为不适于自己的梦想坚持。

什么的梦想不适于自己，什么样的梦想又是错误的呢？

很多人爱说，我不是那块料，那么，你到底是哪块料？你到底喜欢做什么，你到底擅长做什么？喜欢与擅长的就是适合的，不喜欢与不擅长的就是不适于自己的。

在生活中，很多人都有这样的体会：做同样一件事，他人不费吹灰之力就轻而易举地做好了，而且做得相当出色；而自己费了九牛二虎之力，则仍然不能达到基本的要求。之所以出现这种情形，不在于后者不努力，而在于他的优势没有发挥出来。如果你所做的事情是你不喜欢和不擅长的，自然无法发挥优势，反之，则能充分发挥你的天赋，达到让人满意的结果。

所以，一个有梦想的人，先别急于给自己的梦想定位，而是要先了解自己，了解自己喜欢什么，有哪些优势。

有一只可爱的小鸭子，它的父母为了让它能全面发展，就将它送进了动物学校。

小鸭子最喜欢的，最擅长的就是游泳了。每次游泳，总是名列前茅。小鸭子最不喜欢的，最不擅长的就是跑步了，一上跑步课它就感觉非常不爽，非常郁闷。

但是鸭爸爸和鸭妈妈要求它什么都学，什么都要学好。小鸭子只好每天垂头丧气地到学校上学。见它不开心，老师就问它："是不是在为跑步太差而烦恼？"小鸭子点点头。

老师说："其实这个问题很好解决，你的游泳是强项，你以后可以专心练习游泳，发挥你的特长。"小鸭子听了老师的话，可高兴了。以后，它专心练习游泳，在一次全区比赛中，获得了冠军。

一颗钻石，如果放错了地方，可能一文不值。如果将一块木头放在正确的地方，则可能倾国倾城。

如果你正在梦想的路上出发或一路狂奔，一定要审视一下自我，要看清自己的优势，要明白自己的喜好，然后，根据自己的喜好与优势来确定梦想。

人不能不树立梦想，也不能盲目地树立梦想，要在了解自己喜好与优势的基础上去确立，要做自己感兴趣或喜欢的事情。只有将梦想树立在热爱与喜欢的基础上,才能以更大的热情与激情去为梦想而努力。

有两个少年在洗手间不期而遇,一个少年问另一个戴帽子的少年:"朋友,有手纸吗?"

"有!给!"戴帽子的少年边说,边给了那个少年一些手纸。

等出了厕所,借手纸的少年给戴帽子的点了一根烟,以表示谢意。不一会儿,两人就熟悉起来,边走边聊天。

戴帽子的少年说:"哎,郁闷死了,最近,我父母天天逼着我学钢琴,可我怎么都弹不好!"

借手纸的那位少年不解地说:"钢琴有什么难学的?我从五岁开始弹,现在越弹越棒。倒是我父母老逼着我写诗,郁闷死了!"

戴帽子的少年一听乐了,从背着的挎包里拿出一叠稿纸:"我从小就爱写诗,喏,这都是,你拿回家应付你父母去吧。"

每个人都有自己喜欢或不喜欢的东西,这个不爱学琴的少年就是后来的大诗人歌德,不爱写诗的少年则是莫扎特。他们之所以在不同的领域颇有成就,就是因为他们做了自己喜欢或擅长的事情。

一位欧美作家曾经说过:"我敢肯定的是,作家从内心深处感到写作是他经历过的最美好的事情,因为对作家来说,写作是最好的生活方式。"

因为喜欢,所以能努力去做,能用心地去做,结果,就事半功倍。如果一个人期待梦想成真,那就要选择自己喜欢的,擅长的行业

第三章 一辈子，总要为梦想拼搏一次

或事情。

很多人都有自己喜欢做的与擅长做的事情，有些人不喜欢写文章，但喜欢画画。有些人不喜欢画画，但喜欢学数学，也擅长数学，在树立目标的时候，就要考虑到自己的特长与兴趣之所在。

1910年，奥托·瓦拉赫因在化学领域有卓著的成就，获得了诺贝尔化学奖。

在开始读中学时，奥托·瓦拉赫的父母想让他走文学路，想让他成为一个文学家。

让他父母始料未及的是，一个学期下来，老师给了他如下的评价："瓦拉赫很用功，但太缺少想象力，这样的人即使再努力，也不可能在文学上有所建树。"

之后，奥托·瓦拉赫的父母又让他去学习油画，想让他当一名画家。可瓦拉赫既不善于构图，又不会润色，也没有较高的悟性，以至于他的成绩在班上倒数第一。老师的评语更是让奥托·瓦拉赫的父母郁闷："他在绘画艺术上是不可造就之才。"

在所有的老师中，只有化学老师给了奥托·瓦拉赫认可，并给了他较高的评价："做事一丝不苟，具备做好化学实验应有的品质，建议他试学一下化学。"

瓦拉赫的梦想火花一下子被点燃了，从此以后，他在化学方面狠下工夫，坚持不懈地努力学习，一段时间后，他终于成为在化学方面"前程远大的高材生"。

每个人都有自己的优势，这些优势本身并不重要，最重要的是你应该知道自己的优势是什么，然后，将自己的梦想与优势对接，最大限度地发挥自己的优势。

梦想属于那些能了解自己的喜好与优势，并能做自己喜欢的事情，能发挥自己优势的人。所以，每个人都要正确认识自己，发现自己的优势，只有这样，才能找到撬动自己梦想的杠杆。

那么，一个人该如何了解哪些事情是自己喜欢的，哪些是自己所擅长的事情呢？

很多人都有这样的经历："当他人在台上唱歌时，自己总是跃跃欲试，别人在台上唱得时间太长了，恨不得上去将他踢下来，自己去唱。最关键的是，当自己真的上台唱时，一点也不紧张，而且朋友都认为自己比刚才那个人唱得好多了。"

如果你有这样的经历，就意味着你喜欢唱歌，而且也有这方面的优势。

很多人会发现，自己在做一些事情时，需要非常努力地学习，需要不断地去改正和练习。而在做另外一些事情时，却几乎是自发的，不用多加考虑就可以本能地去完成这些事情，甚至做得非常出色。这就是你所具有的优势。

当然，如果在完成一件事时，如果你感觉满足或欣慰，如果你在做某类事情时非常顺畅，无师自通；当你做某类事情时，你不是一点点去做，而是如行云流水般地一气呵成，这都说明你喜欢做这些事情，擅长做这些事情。

在最美的年华中,在激情燃烧的青葱岁月中,很多人选择为梦想打拼。但在确立自己的梦想时,一定要有准确的定位,要确定自己的梦想是否是自己所喜欢和所擅长的。如果是在为自己喜欢的和擅长的而努力,就继续前行,反之,则要适时调整。

敢为梦想冒一次险

每个人都有要实现的梦想,但奔向梦想的路,没有一条不是荆棘铺就。如果想好梦成真,想冲上梦想的云端,有时,就要敢于冒险,大胆地去拼搏一下,而不是缩手缩脚,甚至原地踏步,自我设限,画地为牢。

索罗斯在3个月内赚了12亿美金,比尔·盖茨在短短数年内成为世界首富,可如果当时,盖茨邀请你投资他的个人电脑及互联网生意,有谁会敢于冒险呢?

著名经济学家斯通指出:"生命是一个奥秘,它的价值在于探索。因而,生命的唯一养料就是冒险。"

如果有了梦想,却总是怕这怕那,用恐惧束缚着自己本可翱翔蓝天的翅膀,最终,只能将现实与梦想之间的距离扩大。

麦哲伦小时候就有一个非常伟大的梦想:一定要征服大海。

长大后,麦哲伦努力说服了西班牙国王,为自己提供了必要的帮助,之后,他就带着自己的伟大梦想勇敢地上路了。

在航行中,他们遇到了很多的困难,比如食物短缺,最困难时,不得不靠老鼠充饥;在航行中,他们遇到了刺骨的寒风,不得不停止航行……

在航行中,每前进一步,都要冒很大的危险。但不管遇到多大的困难,麦哲伦都能勇敢地面对,最后,他征服了大海,成为了第一个完成环球航行的人。

风险与机遇并存,风险与梦想同在。如果你想实现梦想,就要敢于冒险。冒险不是成功的唯一保证,但不冒险绝对与成功无缘。

有人说:"人生最大的价值就在于冒险,整个生命就是一场冒险,走得最远的人常是愿意去冒险的人。"

成功,有时只垂青于那些胆大敢为的人。而梦想,只垂青那些能凡事先行一步,有胆有识的人。

洛克菲勒曾对自己的儿子说:"人生就是不断抵押的过程,为前途我们抵押青春,为幸福我们抵押生命。如果你不敢逼近底线,你就输了。为成功我们抵押冒险难道不值得吗?"

1859年,美国的安德鲁—克拉克石油公司公开拍卖股权,拍卖的底价是500美元。

洛克菲勒和他的合伙人也参与了这次拍卖。当价格一路攀升,升至5万美元时,人们都认为这个价格太高了,于是,洛克菲勒的对手们纷纷退出。但洛克菲勒却志在必得,以较高的价格买了这家公司。

很多人认为洛克菲勒是在进行一场豪赌,这一举动太冒险了。因为石油的开采和出售都有很大的风险,把身家性命全押在这里,等于自投死路。

在竞拍的过程中,洛克菲勒也曾犹疑退缩,感觉自己像在赌场上赌钱一样,有些心惊胆战,可他很快便平静下来,并告诫自己:"不要畏惧,既然下了决心,就要勇往直前!"

冒险买下这家公司后,洛克菲勒开始努力经营。最终他的标准石油公司,就在美国石油业占据了举足轻重的地位。

时光匆匆流逝,梦想不会为任何人停下前行的脚步,也不会因任何人的悔恨而倒退回到从前或起点,给人从头再来的机会。因而,心中若有梦,就不要畏首畏尾,而是要大胆向前。只要你大胆向前,凡事领先一步,你就能比别人早一步抵达目的地。

卡耐基概括说:"冒险是一种奋斗,一种促使人生变得更加辉煌的奋斗。"如果你想让梦想成为现实,想有非凡的事业与人生,有时,不妨去冒一下险。

1973年,盖茨被哈佛大学录取。能在这所世界知名的学府读书,是人见人羡的事。

可1974年,当盖茨得知第一台个人电脑问世后,他就决定从哈佛大学退学,然后去创业。很多人认为,盖茨这是在冒险,可正是因为盖茨敢于冒险创业,才有了他后来的非凡成就。

1975年,盖茨和好朋友保罗成立了公司,命名为微软公司。

第三章 一辈子，总要为梦想拼搏一次

1981年，IBM公司正式展出其新型个人计算机，微软公司成了为IBM公司提供语言程序的公司。

在IBM个人电脑问世半年后，微软正式成为个人电脑软件领域的领导者。此时，年仅26岁的盖茨也在业界赫赫有名。

有梦想的人，要有胆有识，要敢于冒险。

在通往梦想的路上，总是高手如云，强者如林。如果有梦想，却不能主动地迎接风险的挑战，则只能面对被淘汰的结局与命运。

凯蒙斯·威尔逊是美国著名企业家，他在17岁时，就极有冒险精神。当他发现剧院门前不出售零食时，他说服了剧院老板，在剧院门口放了一台爆米花机卖爆米花，由此，掘得了人生当中的第一桶金。

第一次世界大战后，威尔逊手头已经有了一定的资金，当时，国内经济衰退，投资房地产的人极少，地皮的价格非常便宜。由于美国是战胜国，经济会很快复苏，地皮价格也会迅速上涨，于是，威尔逊决定将所有的资金投资房地产业。

尽管当时，很多人都感觉他在冒险，可三年后，他却获得了丰厚的利益。

1951年，威尔逊在一次旅行中发现国内旅馆的环境都不是很好，于是，他决定开一家环境和服务都很好的旅馆，并且立即着手行动，没过多久，他便建起了一座汽车旅馆。

由于汽车旅馆的位置好，价格低，卫生和服务条件都比较好，一时间，人们趋之若鹜，威尔逊的生意非常红火。

《汉书·项籍传》中说："先发制人，后发制于人。"只有比别人敢于冒险，时刻领先于别人，才能掌握主动，在竞争中获胜。

英特尔公司为鼓励员工的冒险和创造精神，在它的激励机制里，专门制定了一条"鼓励冒险"的条款，它甚至允许职工犯错误，也不允许职工按部就班。

"在网络时代，世界500强与普通人站在同一条起跑线上。"或许，明天的亿万富翁就是你！但前提是，你要敢于去冒险，敢于去尝试。

第四章

梦想面前,不放弃,不抛弃

时间从来不能阻挡梦想的脚步,但每个人在追逐梦想的过程中都会遇到各种各样的挑战、挫折与失败。只要你有梦想,就要小心地呵护,不管别人怎么说,怎么评价。只要你为梦想努力了,就不要轻易放弃,就要捍卫它,坚持守望它,每天努力让梦想长大一点点,每天用坚强的意志为梦想而打拼,让梦想的花儿越开越大。那么,总有一天,你的梦想会结出最甜美的果实。

失去什么都不能失去梦想

古罗马小塞涅卡说:"有些人活着没有任何目标,他们在世间行走,就像河中的一棵小草,不是在行走,而是随波逐流。"

相信没有人想随波逐流地度过一生,无人喝彩,无人赏识。所以,人不能没有梦想,也不能失去梦想。

在如歌的岁月中,梦想总会与我们如影相随,既给了我们无限的阳光、雨露,又给了我们前行的动力与奋斗的激情。一个人可以失去金钱、权力、地位,但不能失去绚丽的梦想,不能失去五彩的期盼与渴望。

高中同学聚会,几位多年来不见的老同学聊天,其中,有一位老同学说,他要画几幅画送给大家。上高中时,这位同学的梦想就是当画家。现在,这位同学真的成了画家,他画的梅花在业界也有一定的影响。

于是,同学们都聊起了儿时的梦想。可遗憾的是,大部分同学现在的工作都与曾经的梦想无关。

回家时，与一同学同路，我记得这位同学也曾经梦想成为画家，他当时画的画比现在的画家同学水平还要高。我问他："你当初要没那么早结婚多好！你可以去很多地方写生，画不同的风景和人物，说不定你现在的名气比我们的画家同学还要大，还能有很多粉丝。"

同学苦笑着说："梦想这东西，只是少年时的风花雪月，到一定的年龄，就要放弃。人生活在现实中，就要活得现实一些。现在生活这么不容易，天天柴米油盐，哪还有精力去做一些云里雾里，不靠谱的事情。"

当梦想遇到残酷的现实，或许，有些人会选择放弃梦想，向现实妥协、低头。于是，他们美丽的梦想就像清晨的轻雾一样，似乎一接触阳光，立马就会消融殆尽。

梦想真的是见光死吗？其实，这只不过是那些想放弃梦想的人，给自己找的一个轻易放弃的借口罢了。

很多人放弃梦想，表面上看有很多理由，很多借口，放弃梦想，好像不是自己的错，而是这个社会大环境所致，是形势所迫。

其实，梦想不需要任何放弃的借口与理由，梦想需要的是一份无畏的坚守，不管有多大的阻碍，都要默默地守护。

有一些人，无论日子过得多么不如意，从来没有放弃梦想，于是，他们成为永葆青春梦想，不断超越自我的人。

很多人很早就确立了自己的梦想，但往往因为各种因素而提前放弃，结果当年纪越来越大时，还没找到属于自己的那份成功与幸福。

于是,当这些人看到别人实现了梦想,会流露出嫉妒,忌恨,甚至是失落的表情。

其实,与其眼睁睁地看到别人实现了梦想,导致不能淡定,不能心平气和,不如当初小心呵护自己的梦想,别让自己的梦想丢失,别轻易放弃自己的梦想。

18世纪初,在法国的一个小村庄里,有一个有梦想的小男孩。他的梦想是要去月球上走走,他的同学都认为他是在异想天开。

虽然自己的梦想遭到了同学的讥笑,可这个小男孩却没有放弃梦想,而是开始阅读科幻书籍,从阅读中,男孩子对天文学产生了浓厚的兴趣。

慢慢地,小男孩成了"天文狂",喜欢看天空,看月亮。每天晚上,他都爱坐在村庄的路口,仰望天空,他好想长出一双翅膀,飞向月球。可月亮为何看起来离自己很近,却始终无法靠近呢?

带着这种疑问,小男孩子决定离家出走,去寻找美丽的月球。结果,当他偷偷地溜上了一艘商船后,却被船员发现了,并将他送回了家里。即使如此,小男孩依然没有放弃梦想。

后来,男孩子慢慢长大了,他被父亲送到巴黎学习法律,父亲希望他将来能够成为一名法官。可男孩却总是沉浸在科幻的梦想里,并开始写小说。父亲知道他不务正业后,就劝他要好好学习。可男孩不听,依然我行我素地写小说,这让父亲火冒三丈,于是,父亲就不再给男孩提供经济援助。

没有了经济来源,男孩的日子过得很清苦。可他依然坚守着自己的梦想，并为梦想而努力着。他整天想着写东西，一天天地过去了，他写啊写啊，写了很多的文字。

这些文字既没有出版，也没有换来稿费，生活因此变得特别困难，可男孩还是在呵护着自己的梦想。为了能有稿纸写东西，他卖掉了所有可以卖掉的东西；没有地方写作，他就在图书馆里写作。虽然他穷得一天只能吃一顿饭，但他依然坚持创作，没有轻易放弃自己的梦想。

终于有一天，男孩接到了一家出版社同意出版他书稿的通知函。之后，男孩便加倍地努力，写出了一部又一部科幻经典小说：《地心游记》《从地球到月球》和《海底两万里》等等。男孩子一生写了数十部科幻小说，并成为了著名作家，他就是儒勒·凡尔纳。

一个人可以非常清贫、低微，但是不能没有梦想；一个人可以生活得不如意，甚至濒临绝境，但不能失去梦想。只要梦想还在，我们就有希望改变命运。

约翰·法伯是法国著名的科学家，他曾做过一个著名的"毛毛虫实验"。这种毛毛虫习惯做"跟随者"，总是盲目地跟着前面的毛毛虫行走。

在进行实验时，法伯将很多毛毛虫放在一只花盆边上，让它们围成一圈，然后，法伯在离花盆不远的地方，撒了一些松针，这可是毛毛虫最喜欢吃的东西。在实验过程中，毛毛虫开始一个跟一个，绕着花盆，一圈又一圈地绕着走。但很长时间过去了，毛毛虫们还在不停地团团转。

7天后，毛毛虫们最终因饥饿和筋疲力尽而死去。

其实，只要有一只毛毛虫朝正确的方向走，毛毛虫就会吃上松针，而不是饿死。人又何尝不是如此，总是爱随大流，凡事爱绕圈子，瞎忙空耗，终其一生。

古希腊哲学家彼得斯说："须有人生的目标，否则精力全属浪费。"

毛毛虫的悲剧在于没有正确的目标与梦想，人如果不想重蹈毛毛虫的悲剧，就要有自己的目标与梦想，并默默地坚守。

有希望的地方就有梦想，有梦想的地方就有目标。如果有了梦想和目标，别轻言放弃。不要让梦想如氢气球一样越飘越远；如果有梦想，就要用心地捍卫它，不要轻言放弃。

没有梦想与目标，就没有前进的方向与动力，所以，每个人的梦想都是无价之宝，而梦想也不会因为时间而褪色，只要你小心地守护，持之以恒地努力，坚韧不拔地奋斗，前方就会有惊喜在等待着你。

有梦想，就要坚持

一个人如果心存希望，幸福就会降临到他的身上；一个人如果心存梦想，机遇的光环就会笼罩着他。如果一个人肯坚守梦想，他就可能拥有卓尔不凡的人生。

开门七件事，柴米油盐酱醋茶！在平淡的生活中，有多少人为了生存，暂且搁置自己的作家梦、诗人梦，画家梦……很多人认为，只等以后生活条件好了，才能再去追求梦想。殊不知，明日复明日，明日何其多？更何况，机不可失，时不再来。

很多人以为可以先赚到钱再去追求梦想，很多人以为可以先成了家，再去实现梦想。其实，这就是给梦想设了一个陷阱，因为梦想一旦搁置就等于放弃。

阿里巴巴的创始人马云，曾连续求职失败，他不管别人的冷嘲热讽，都一直坚持。凭借这种坚持不懈的精神，最终创办了阿里巴巴，并成功上市。

马云曾经说："有梦想是最开心的。要坚持自己的梦想。有梦想的人不胜枚举,但能够坚持的人却是屈指可数。阿里巴巴能够成功的原因,是因为我的团队一直在坚持。有时候傻傻地坚持比不坚持要好得多。"

的确,梦想是需要坚持的,只要坚持不懈,就会实现。

开学第一天,大哲学家苏格拉底对学生说:"今天咱们只学一件最简单也是最容易做的事。每人把胳膊尽量往前甩。"

之后,苏格拉底就给大家做示范,并问大家:"从今天开始,每天做300下,大家能做到吗?"

听老师这样问,学生们都笑了,因为在他们看来,这事情太小儿科了,如此简单的事,怎么能做不到呢?

一个月后,苏格拉底问学生们:"有哪些同学坚持每天甩300下了?"

此时,有90%的同学骄傲地举起了手。

又过了一个月,苏格拉底又问,这次,只有八成的学生举起了手。

一年后,苏格拉底再一次问学生:"有哪些同学坚持每天甩300下?"

当苏格拉底说完后,偌大的教室中,只有一名学生慢慢地举起了手。

多年后,这个学生名闻天下,他就是后来的大哲学家柏拉图。

很多人都有远大的梦想与奋斗目标。为什么有些人经过努力,实现了梦想,成就了非凡的事业。有的人,却没有实现梦想,依然碌碌无为地活着呢?

其实，一些人之所以没有实现梦想与目标，是由于他们缺少坚持的精神。一遇到挫折和失败，就选择了放弃。这样的人，往往会因为一念之差，与成功失之交臂。

而那些实现梦想的人，内心坚强、执著，面对困难与挫折没有一丝一毫的退缩，而是一直在坚持为梦想而努力打拼。

很多人羡慕天才，其实这个世界没什么天才，所谓的天才，就是长期坚持不懈地学习奋斗。无论是谁，要想实现梦想，就一定要坚强地面对困难，无论遇到多大的困难，都要有咬定青山不放松的意志。

在通往梦想的路上，有很多道栏需要跨过去，每每此时，你别无选择，只能将它们一道道跨过去。

实现梦想没有什么秘诀，只能一路前冲，选择小心地守护梦想。所以，一个有追求的人，只要肯坚持，不轻易放弃，梦想就能成真。

很多人有着远大的目标与梦想，而且也为之努力、坚持，可却经常感觉心累，之所以如此，很大一部分原因在于他常常在坚持和放弃之间徘徊，举棋不定。

梦想的实现不是一蹴而就的，更不会是一帆风顺。通往梦想的道路没有捷径，在实现梦想的过程中，只有数不胜数的失败。

当困难绊住你前行脚步的时候，当失败挫伤你进取雄心的时候，不要轻易放弃，而是要选择坚持下去。

有一个推销员，在向客户推销产品的时候，总是遭到客户的拒绝。每有客户拒绝他时，他心里就会感觉很不舒服，但他又不想放弃这份工作。

  不经意间,他想起了小时候,自己戏弄青蛙时的情形。那时,每次戏弄青蛙时,青蛙的眼睑非但没有闭起来,反而还一直瞪着他。

  由此,他恍然大悟:一个人在遇到挫折时,在感觉忍无可忍时,与其退缩,不如学会接受,把所有的磨难当成一种享受。这就是"青蛙法则"。

  当你在逐梦的路上遇到不顺时,甚至感觉到忍无可忍时,不妨试一下"青蛙法则",不妨学习一下那只青蛙,直面困难,并忍受困难。

  每个人都有自己的梦想,要想实现梦想,一定要有坚强的意志,坚定的信念,要承受得住挫折,耐住得寂寞。

  德国大诗人席勒说:"只有恒心可以使你达到目的。"那么,什么是恒心呢?恒心就是持久不变的意志,是在坚持不下去的时候,能有再坚持下去的决心,能做到再坚持一下。

  每个人在追逐梦想的旅程中都可能会遇到挑战、挫折与失败,都可能会遇到高大的栅栏。遇到困难时,只有坚持不低头,不倒下;倒下了,再站起来,才能有机会坐上冠军的宝座。

  那时,你一定会深深地感谢自己,曾经那么不懈地坚持。

再美丽的梦想,也要Hold住

神话往往是从梦想开始的,奇迹往往是由梦想创造的。每一个梦想都是缤纷多彩的,都是柔软丰满的,可我们所生活的现实社会往往是很骨感,很残酷,很琐碎的,在现实生活中,梦想很容易被碾成一地的碎片。

梦想不在大小,关键在于要Hold住。再美丽的梦想,如果不能Hold住,也只能是天方夜谭。再远大的梦想,如果不能Hold住,也等于纸上谈兵。

在生活中,很多人爱面子,很在意别人的想法,虽然也有梦想,可一听别人说自己的梦想如何不现实,如何搞笑,就会对自己的梦想产生质疑,或者因此放弃。

每一个人都有与众不同的梦想,即使有些梦想看起来不接地气,太高大上,但只要你确定了自己的梦想,这个梦想就属于你自己,别人如何想,如何看,与你无关。

你的梦想是属于你自己的,你的梦想也是独一无二的,你只要努力守候自己的梦想就可以了。

一个人有梦想固然重要，但更重要的是要Hold住梦想，守得住梦想，不要让梦想在琐碎而平淡的生活中，渐行渐远。不要让梦想，在他人的非议与嘲笑中慢慢低头、弯腰，甚至低到尘埃中。

有时，梦想需要尽全力保护，特别是当有人嘲笑你的梦想时。要明白，嘲笑你梦想的人，多是没有梦想的人，他们的一生注定如一潭死水，波澜不惊。而有梦想的人，其一生注定要在波澜壮阔的大海上航行，注定要目睹世间最壮观的风景，经历最险的风浪。

拿破仑小时候，他的叔叔曾经好奇地问他："将来长大想要做什么？"听叔叔这样问他，拿破仑马上胸有成竹地谈起了自己的伟大梦想，他说：我要立志从军，想带领法国的雄兵，占领整个欧洲，然后，建立一个前所未有的庞大帝国，并且成为这个庞大帝国的皇帝。"

叔叔听完小拿破仑的伟大梦想之后，并没有为之打动，也没有举双手赞成或是鼓励，而是感觉这孩子太不知天高地厚了，于是，他嘲讽道："空想，你所说的一切全都是空想！想当法国皇帝？那怎么可能？我觉得，你以后还是去当小说家比较好，那样，就容易实现你的皇帝梦了……"

如果换作其他人，听叔叔对自己的梦想如此打击，可能早就生气了。小拿破仑非但没有生气，反而快步走到窗前，指着远方问叔叔："叔叔，你看得到那颗星星吗？"此时，恰好是正午时分，拿破仑的叔叔当然看不到星星，就不解地问道："星星？现在是中午，自然不能见到星星啊！孩子，你该不会是疯了吧？"

见叔叔一副见了鬼的样子,小拿破仑表现得特别淡定,他语气平和地对叔叔说:"就是那颗星星啊!我真的看见了,它高高地挂在天边,一直为了我夜以继日地闪烁着;只要它在闪烁,我的梦想就永远不会破灭。"

每个人都有自己的梦想,在内心深处,都有一颗希望之星,这是对梦想的永不磨灭的希望,希望若在,梦想就在。而拿破仑之所以能Hold住梦想,正是因为心中有一颗希望之星,对梦想始终不渝,最终得以实现。

梦想是美丽的,但通向梦想的路上充满了形形色色的诱惑以及艰难险阻。一个人要实现梦想,不仅要有勇敢与行动,要敢于挑战艰难险阻,更要有"淡泊以明志,宁静以致远"的智慧,在应该舍弃所谓的名利与繁华时,要敢于舍弃,远离一些名利的诱惑。

晚年时,为改变自己作品的风格,齐白石曾闭门十年,潜心练习,在此期间,他不问名利,终梦想成真。在当今时代,无论你有何梦想,只有淡泊名利,耐得住寂寞,才能在世事的纷扰中,气定神闲地Hold住梦想,不然,梦想就很容易在灯红酒绿的欲望中,被埋没或迷失。

放飞自己的梦想,让他人去说吧,坚守自己的梦想,不管在实现梦想的道路上,遇到多大的非议与困扰,遇到多少冷嘲和热讽。这是一个绽放梦想的时代,每个人都是梦想家,每一个人都有可能美梦成真!

不要将自己的梦想，拱手相让

清朝诗画大家郑板桥晚年曾作了一首题为《竹石》的诗："咬定青山不放松，立根原在破岩中。千磨万击还坚劲，任尔东西南北风。"如果一个人有梦想，就要像岩中的竹子一样，将自己的梦想紧紧地咬定。

2002年感恩节的前夕，芝加哥一位名叫赛尼·史密斯的中年男子，没有忙着过节，而是向当地法院递交了一份诉状：要求赎回自己去埃及旅行的梦想。

原来，在40年前，6岁的赛尼·史密斯在威灵顿读一年级。有一天，他的老师玛丽·安小姐让孩子们说说自己的梦想，全班24名同学都说了自己的梦想——他们都有一个梦想，而赛尼·史密斯有两个梦想，：一个是有一头小母牛，另一个是去埃及旅行一次。

不过，当时赛尼·史密斯的另一个同学吉米还没有什么梦想。在老师的建议下，吉米就用3美分向赛尼买了一个梦想——去埃及旅行。

40年的时间一晃而过，赛尼·史密斯已成为了一个中年人，经过多年的努力，赛尼·史密斯也算是事业有成的人，早已有能力买很多头小母牛了。

40年间，赛尼·史密斯去过瑞典、丹麦、希腊、沙特、中国，日本等国家旅游，但从没有去过埃及。不是他不想去埃及，而是因为小时候，他已把去埃及的梦想卖给吉米了。所以，作为一个虔诚的教徒和一个诚信的商人，他是不能去埃及的。

可赛尼·史密斯从来没忘记过这个梦想。最近，他和妻子想去非洲旅行，想看看埃及的金字塔，于是，他决定赎回那个梦想，这样，他才能心安理得地去埃及旅行。

遗憾的是，史密斯没有能赎回那个梦想，因为联邦法院审定，赛尼·史密斯需要花3000万美元赎回那个梦想，这意味着赛尼·史密斯要赎回梦想，就要倾家荡产了。

幸运的是吉米，自从他向同学买了那个梦想之后，就开始努力学习，在学习上有了很大的进步。也是在这个梦想的支持下，后来他考上了华盛顿大学，在图书馆里认识了美丽的女朋友，开始了一段浪漫迷人的恋爱，最终女朋友变成了他贤惠的妻子，有了一个幸福的家。

后来，吉米有了儿子，在儿子小的时候，他就告诉儿子："我有一个梦想，那就是去埃及。如果你在学习上能取得好的成绩，我就带你去那个美丽的地方。"在父亲梦想的感召下，儿子一直特别努力地学习，并考上了斯坦福大学。

而因为有了去埃及的梦想，因为一直在为梦想而努力，吉米不仅家庭幸福，而且事业有成，他在芝加哥开了多家超市，总价值2500万美元左右。

　　大千世界,芸芸众生,哪一个人不曾有过五彩的梦想。但那些实现梦想的人,往往是努力去为梦想奋斗的人,那些与梦想失之交臂的人,往往是轻言放弃或把梦想拱手相让的人。所以,一个人要有梦想,就要靠自己的努力去实现,否则,你就会追悔莫及。

　　多年前,有位闺蜜结婚后,曾打电话给我说她准备当一个全职妈妈了。我记得这位闺蜜的梦想是当个作家,于是,我建议她:"你千万不要放弃自己当作家的梦想,不要让自己的梦想遗失在生活的琐事中!"

　　从上初中时,闺蜜就有了当作家的梦想,并且一直为此努力。我记得每周的周末,当别的同学去逛公园时,她经常去图书馆看书,写文章。她家里经济条件不是很好,买不起写东西的稿纸,她就买一种很便宜的白色纸,自己缝成本子,在这本子上写文章。

　　她一直在坚持写文章,虽然没有考上大学,但从高中毕业到结婚前这段时间,她已经在全国各地的一些报刊发表文章数百篇,已经是我们那个省作家协会的会员了,在我们的那个小城小有名气。如果她稍加努力,相信一定能实现作家梦。

　　后来再见到闺蜜,我问她还写文章吗?她说:"早就不写了。我现在是上有老,下有小,要照顾两个孩子,还要侍候老人与老公,没有闲情去写文章了!"

　　"嗯,那你满意现在的生活吗?"

第四章 梦想面前，不放弃，不抛弃

"我感觉现在的生活很无奈，也很累！"

"如果让你重新选择，如果你能重新选择呢？"

"我会选择坚守梦想！"

为应对现实生活中太多的琐事，闺蜜放弃了自己的梦想，埋没于无奈的生活中。而如果她能一直坚守自己梦想的话，相信今天的她肯定会是另外一个样子。

溪水踩着卵石奔流向前，绿树穿越风雨追逐阳光的绚丽，雄鹰拍打着双翅飞翔于广阔的蓝天，有梦想的人，要紧紧咬定梦想，再难的日子，也不要将梦想放弃。当你一路坚持，当你穿越梦想的沼泽，你就能站在春天的枝头，与梦想之花一起绽放。

梦想面前,不放弃,不抛弃

梦想不是彩虹,却如同彩虹一样绚丽,梦想不是花朵,却如花儿一样分外妖娆。那些在人生的春天,与梦想邂逅的人,是最幸福的。那些在火热的夏天里,为梦想耕耘,挥汗如雨的人,是最快乐的。那些在收获的秋天,摘取梦想果实的人,是最成功的。那些在冬天里,守护梦想,不曾放弃梦想的人,是最让人仰视、佩服的。

在英国,有一个叫布罗迪的教师,一天,她在整理阁楼时,发现了旧物中有一些练习册,这是皮特金幼儿园B(2)班31位孩子的春季作文,题目叫:"未来我是……"

布罗迪原以为这些"梦想册"早在战争年代就被炸飞了,出人意外地,它们竟在小小的阁楼上,安然度过了50年的时光。

兴奋不已的布罗迪开始翻看孩子们的"梦想册",不一会儿,她就为孩子们千奇百怪的梦想而兴奋不已了。其中,一个叫小彼得的孩子的梦想,是成为海军大臣,因为有一次他在海里游泳,喝了三升海水都没被淹死。

有一个孩子的梦想，是将来当法国总统，因为他能一下子背出25个法国城市的名字，认为法国总统的宝座非他莫属。

最让人感动的，是戴维的梦想。他本是一个失明的孩子，可他却认为，将来他一定是英国的内阁大臣，因为在英国的内阁中还没有过一个盲人。

读着这些作文，布罗迪怦然心动。突然间，他有一种冲动："何不把这些本子重新发到他们手中，让他们看看自己是否实现了曾经的梦想呢？"

布罗迪老师的想法，被当地一家报纸知道了，报纸的编辑决定帮布罗迪老师的忙，为他刊登了一则启事。启事刊登没多长时间，布罗迪老师就收到了很多学生的来信。来信的既有商人、学者及政府官员，也有寻常百姓。在来信中，他们都表示很想知道自己儿时有何梦想，并且很想拿到自己的"梦想册"，布罗迪便按他们的来信地址一一给他们寄去。

一年后，除了戴维的作文本没来信索要，其他人都拿回了自己的"梦想册"。布罗迪老师想，这个学生也许已经不在人世了。毕竟50年了，在这半个世纪的光阴里，一切都有可能发生。

于是，布罗迪老师就想把这个本子送给一家私人收藏馆，此时，他却收到了内阁教育大臣布伦克特的一封信，信上说：那个叫戴维的孩子就是我。感谢您还为我们保存着儿时的梦想。现在，我已经不需要那个本子了，因为从那时起，我的梦想就一直在我的脑子里保存着，从未放弃过。最重要的是，现在，我已经实现了那个梦想。今天，我还想通过这封信告诉其他30位同学，只要不让儿时美丽的梦想随岁月流逝，总有一天，成功会出现在你的面前。

少年时代，每个人都有自己的梦想，那些梦想像春天的花儿一样明丽鲜艳。但斗转星移，有几个人还能说出自己曾经的梦想，有几个人还能坚持在梦想的路上义无反顾地向前呢？

虽然更多的人都知道坚持就是胜利的道理，可真正能坚持的人却为数不多。而不能坚持，轻言放弃，只能离梦想越来越远。

在第二次世界大战后，丘吉尔经常去一些大学，给大学生们作演讲。一次，他应邀去剑桥大学毕业典礼上演讲。

轮到丘吉尔演讲时，只见他两手抓住讲台的两角，注视听众后大约沉默了两分钟，然后他就在屏住呼吸、等待聆听演讲的听众面前只说了这样一句话："永远，永远不要放弃！"接着又是长长的沉默，然后他又一次强调："永远，永远不要放弃！"

"永远，永远不要放弃！"无疑，这是历史上最短的一次演讲，也是最让人刻骨铭心的一次演讲。

每个人都有自己的梦想，在通往梦想的路上，难免会有崎岖弯道，坎坷曲折。此时，如果选择放弃梦想，只能让梦想半途而废，那前面的努力与辛苦就等于白费了。

众所周知，爱迪生是一个大发明家，他最伟大的发明，就是发明了电灯，让人们远离了黑暗。而他这项伟大的发明，却是经历过无数次的失败才获得成功的。

不过,在每一次的失败后,爱迪生从没想过放弃,而是继续进行实验,直到成功地发明了电灯。

如果说爱迪生是科学史上的一位伟人,那么,成就他的,正是他的梦想与希望。正因为他对梦想一直怀有希望的力量,才让他在失败之后,不断地坚持进行研究与实验,从而有了多项造福人类的重大发明。

汪国真在一首诗里这样写道:"如果大山召唤我,我就走向大山,双脚磨破,干脆再让夕阳涂抹小路。双手划烂,索性就让荆棘变成杜鹃。没有比脚更长的路,没有比人更高的山。"

是的,在这个世界上,没有比脚更长的路,没有比人更高的山,或许,你有自己的梦想,但没有给梦想飞翔的翅膀;或许你给了梦想的翅膀,曾让梦想展翅高飞,可却又让它在风雨中折翅。或许,你已将梦想融入生命,无论世事如何沧桑,你都会给自己一份勇气,一份坚持,在梦想面前,不改初衷,始终如一。

梦想需要坚持,需要不抛弃、不放弃,多一份坚持,多一份勇气,梦想就离现实更近一步。

第五章

梦想之路，跪着也要走下去

通往梦想的路上有很多坎坷，且荆棘丛生。但不管遇到什么情况，都不要怨天尤人、一蹶不振！而是要坚强面对，用坚强的意志为梦想全力打拼。只要还存有一点希望，就不要心灰意冷，即使是碰得头破血流，也要勇敢地去追梦，义无反顾地去追求。哪怕是为梦想头破血流，哪怕是没能力站着，也要跪着走完梦想之路。

谁的梦想不沧桑

  梦想是人生最美丽的憧憬,不过,要将这个美丽的憧憬变为现实,则需要走很长的路,需要穿越更多的风雨,历经千辛万苦。
  夜深人静时,总能想起成龙唱的那首歌:"在我心中,曾经有一个梦,要用歌声让你忘了所有的痛,不经历风雨怎么见彩虹,没有人能随随便便成功,把握生命里的每一分钟,全力以赴我们心中的梦……"
  是的,不经历风雨,怎么能见到彩虹?没有人可以随随便便成功。人要得到必须先付出,要想实现梦想,必须经过挫折、痛苦,历尽世间万千沧桑。

  有一只小松鼠,它有一个梦想,就是要去看大海。
  它的父母得知了它的想法后,并不支持,在它们看来,外面的世界实在是太危险了,觉得这孩子是要向火坑里跳,于是就不允许它去。
  一天,父母出去办事了,小松鼠就趁机偷偷出发了。
  结果,它离家第二天,就遇到了一个不小的麻烦:天下雨了,它没有可以躲雨的地方，结果，被淋成了落汤鸡。

天终于放晴了。小松鼠的日子又好过了起来。

可没几天，它又在路上遇到了一个猎人。幸运的是，猎人的枪法不太好，小松鼠有幸逃过了一劫，可腿部却受了伤。

后来，小松鼠又遭到了狗的袭击……一路上，小松鼠东逃西窜，遍体鳞伤，最难过的时候，也想到了是否回家。

可一想到自己还没看到大海，小松鼠就继续一路向前。终于，有一天，它看到了大海。

望着美丽的大海，小松鼠感觉特别幸福。

在现实生活中，谁的梦想不沧桑呢？但为了实现梦想，哪怕历尽艰难险阻也是值得的。

20多年前的某天晚上，在一所乡村小学的操场上，有一个双手托腮的小男孩独自发呆。此时，他的脑中浮现的，全是刚刚放的电影《少林寺》中的一些镜头。剧中李连杰的一招一式，都让他觉得会武功的人特别了不起。如果有一天，自己也能像李连杰一样，成为电影武打演员，那该有多好啊。

几天后，年纪不大的小男孩，有了一个想法："我要去少林寺学武。"

最初时，父母以为他开玩笑，就没有当真。一见家长不当回事，小男孩就开始哭啊，闹啊，最后，父母拿他没有办法了，就决定将他送到少林寺学武去。

从此以后，小男孩开始了为梦想而打拼的生活。

师父看小男孩的身子比较结实，上臂比较强壮，就让他练二指禅。刚开始的时候，小男孩练功练得特别苦，每天练功结束后，他浑身酸痛，有的时候疼得受不了，连喝水吃饭都变得特别难。

那段日子，由于家境不富裕，小男孩的生活也很清苦。可生活再清苦，练功再艰苦，小男孩依然坚持每天练功。

在少林寺学艺6年后，小男孩离开了少林寺。为了实现最初的梦想，他来到了北京。为了能在北京生存下去，为了能守护自己的武打明星梦，他在工地上搬过砖、运过沙子，为了寻找能当演员的机会，他在北影厂的门口蹲守三年。

都说十年磨一剑，小男孩为了圆自己的梦，用了16年的时间奋斗、打拼。最终，在影视业拼出了属于自己的一方天地。

这个世界上没有卖后悔药的，要想让自己没有遗憾，一生无悔，就要努力为梦想打拼。

在通往梦想的路上，那些为梦想不遗余力的人，即使被撞得头破血流，摔得千疮百孔，他们依然是生活的强者，依然是让人点赞的人。

郑智化曾唱道："他说风雨中这点痛算什么，擦干泪不要怕，至少我们还有梦！"在为梦想打拼的时候，或许，我们会拼尽全力，一无所有，拼得只剩下梦想。即使如此，我们也不能放弃。

如果你有梦想，就扬起梦想的风帆，让梦想的船儿在大海上乘风破浪，不管海浪有多高，你都不要怕。只要抱着不怕千难万险的态度，总有一天，你会赢得梦想的回眸一笑；只要抱着为梦想全力打拼的态度，梦想总会给你最丰厚的回报。

梦想之路,跪着也要走完

人生在世,人各有志,各有各的梦想,比如,有人寒窗苦读,梦想有朝一日,能出人头地;有人奋发图强,则是希望有一天能在仕途上飞黄腾达。一个人,拥有什么样的梦想,都无可厚非,但不管有什么梦想,都要让自己的梦想有始有终。

再难的路,跪着也要走完,再险的路,跪着也要走完,能跪着走完自己选择的路,是一份执著,是一种坚持。

一个朋友的梦想是游遍中国,虽然他生意失败后,已经没有多少钱了,但他还是决心实现这一梦想。于是,他一个人上路了。

他的第一站是云南,他计划用半年的时间,徒步旅行云南。

一路上,他翻山越岭,风餐露宿,走过了之前没走过的路,看过了之前没看过的美景,了解了之前没有了解的风土人情,也结交了一些新的朋友。当然,他也饱尝了别人没吃过的苦,受尽了别人没受过的白眼,经过了别人没经过的磨难。没钱吃饭时,他连续三四天吃树上的虫子、草根。翻山越岭时，他也从山上摔下来过，但不论遇到什么困难，他最终还是坚持了下来，完成了徒步云南的计划。

这些年，朋友徒步旅行过云南、西藏、东北等地，这两年他在新疆旅行。有时是徒步旅行，有时骑摩托车驴行。

跟朋友聊天时，我问他，别人旅行时，都坐飞机，乘高铁，乘大巴，而你徒步，骑摩托车，这样的旅行方式是很累的，而且遇到的困难也多。在遇到困难时，你想过放弃吗？

他说，从没有过。旅行是自己选择的，自己选择的路，再难也要坚持下去。

每个人都有属于自己的梦想。"采菊东篱下，悠然见南山"，是陶渊明梦想的生活；"壮志饥餐胡虏肉，笑谈渴饮匈奴血"是岳飞的伟大梦想；助汉武帝实现文化上的大一统，是董仲舒一生追求的远大抱负。

每个人的梦想都是自己选择的，当你走在自己选择的路上，面对接踵而至的挫折与困难，想放弃或退却时，请对自己说："自己选择的路，跪着也要走完！"

为梦想打拼，意味着什么？为梦想打拼，不仅意味着要独自艰苦奋斗，而且还要能忍受一切困难与挫折，要越过所有的阻碍，哪怕遍体鳞伤，也要坚持到梦想成真的那一天。

《老男孩之猛龙过江》是2014年荧屏上一部很受关注的电影。

电影讲述了两个怀揣梦想的大叔，去异国他乡寻梦的冒险历程。

第五章 梦想之路，跪着也要走下去

《老男孩之猛龙过江》轻松取得近3亿票房，其中的歌曲《小苹果》在MV推出不到两周，就位列多项排行榜第一名的位置。

《老男孩之猛龙过江》的成功，圆了肖央、王太利这两个"老男孩"多年的梦想。而之前他们曾为梦想坚持不懈地打拼，尝尽了酸甜苦辣。

1996年，肖央从河北承德来北京，报考中央美院附中，落榜了。想当画家的他，决定在北京复读一年。复读期间，他与3个同学合租一间很小的房子，由于房子太小，有一人不得不在柜子上睡。

在艰苦的生活环境中，经过一年的努力，肖央考上了心仪的学校。但快毕业时，肖央决定不当画家，而要改行学电影去。

经过努力，他考上了北京电影学院广告专业。

王太利初到北京时，在一家报社工作，每天能睡在铺得厚厚的报纸上，就觉得幸福无比。因为他有梦想，虽然他那时的梦想，是做一名歌手，后来因为自己"要长相没长相，要关系没关系，要钱没钱，实在是进不了那个圈子"，就想做影视演员。

后来，他遇上肖央，而两人合作《老男孩之猛龙过江》，更是充满了曲折，仅《老男孩之猛龙过江》的剧本，就写了不下20稿，先后至少有过5个不同的故事，由于两人一路坚持，最终获得了丰厚的回报。

《老男孩》中有这样一段歌词：生活像一把无情刻刀，改变了我们的模样，未曾绽放就要枯萎吗，我有过梦想……当初的愿望实现了吗，事到如今只好祭奠吗，任岁月风干理想，再也找不回真的我！"

如果你不想让自己的梦想风干，枯萎，就要在最难的日子，努力为梦想打拼。

　　在追求梦想的路上，有雨雪风霜的冬季，也有百花齐放的春天，有果实累累的秋天，也有烈日炎炎的夏天。这些都不重要，重要的是你一定要走完梦想的全程。当你走完全程，你会发现，你收获的不仅仅是最美丽的风景，不仅是将梦想变成了现实，还有自己的不断成长与强大。

困境中,要咬着牙,要挺过去

俞敏洪曾经说:"不要惧怕失败,即使被踩到泥土中,我们也不能甘心变成泥土,而要成为破土而出的鲜花。从绝望中寻找希望,人生终将辉煌。"

在这个世界上,无论是想做什么,都可能遇到很多困难,没有谁能够一帆风顺。有些时候,我们所遇到的困难,可能大得超乎我们的想象,超乎我们的承受能力。但在通往梦想的路上,只有困境,没有绝境,有的只是绝望的思维,只要你的心灵不曾干涸,不放弃,再让人胆战心寒的绝境,也会一跃而过。

境由心生,所谓的绝境,只不过是自己想象的,是在给自己的梦想设限。

人在追求梦想时,总要面临各种困境的挑战,甚至是"鬼门关"。这没什么可怕,也实属正常。但关键在于你对困难持什么态度。面对"鬼门关"时,你是吓得浑身发抖,还是把困境变为成功的跳板?

听说过掉进枯井的驴自救的故事吗?

从前,有一头驴,不小心掉进了一口干枯的井中,一农夫见驴掉了进去,就千方百计地想将驴从枯井中救出。可他忙了很长时间,也没能将驴从枯井中弄出来。

而驴呢,则不停地在井里哀号。农夫一见没办法将驴从枯井中救出,就决定放弃这头驴,但又不忍心让驴忍受长时间的煎熬,就决定将枯井填平。这样,也可以避免其他动物不小心掉入井里了。

于是,农夫就叫其他人帮忙填井。大家向井中填了一会儿土,就听不见井里的驴哀号了。

"是不是驴被泥土掩埋了,所以,就不叫了?"农夫有些伤心,也有些好奇。他走到井边,可等他将目光投向井中的时候,却发现:当泥土落在驴背上时,驴就会将它抖到脚下,然后,它不停地挪动腿脚,让自己站在刚抖落下的泥土上,这样,它就会离井口越来越近。

农夫高兴地向众人讲了井中的情况,大家听了十分开心,都继续向井中填土。最后,驴终于慢慢升出了井口,重获新生。

在生死关头,很多人会失去信心,但在关键时刻,一头掉进井中的驴却依然抱着一定要走出井口的念头,用自井口上飞下的泥土作为上升的台阶,将泥土一点点踩在自己的脚下,以此来抬高自己,一步步接近井口,并因此得救。

与其说是人们向井中所填的土救了它,不如说是因为它的不放弃与坚强的意志救了它自己。

第五章 梦想之路,跪着也要走下去

大凡成功的人,没有哪一个人不曾陷入困境,甚至是绝境。在苦难和绝境面前产生动摇的念头,是很正常的。但是,每一个成功者,都要把那个小小的念头按住,然后,设法走出。

松下幸之助小的时候,家里并不贫穷,他的父亲拥有150亩地,有7个佃农耕种,但在松下幸之助5岁时,他的父亲做稻米期货交易破产,家境一下子变得非常差,生活一下子拮据起来。

为了还债,家里不仅被迫卖掉了一切值钱的东西,十口之家搬进一间简陋的出租公寓,而且生活没了保证,吃饭也成了问题。由于没有足够的食物,孩子们开始夭折。

为了生存下去,松下幸之助从9岁起就开始给人家当学徒工,而且一直体弱多病。家庭的贫困激起了松下幸之助的创业梦想。但当他决定创业时,他手上只有100元,连一台机器都买不起。

为了渡过难关,他不得不将妻子的首饰和衣服送进当铺。创业期间,又遇到了很多难以想象的困难,但无论遇到什么样的困难,无论处境是多么让人迷茫、困惑和痛苦,他都坚持了下来。

最终,松下幸之助挺过来了,并且实现了他的财富梦,缔造了一个庞大的电器帝国。

经历挫折与困境,不一定是坏事,只要设法走过去,就会多一份阅历,多一种经验。

巴尔扎克曾经说:"苦难对于天才是一块垫脚石,对于能干的人是一笔财富,对于弱者是一个万丈深渊。绝境能造就强者,也能吞噬弱者。"

　　山重水复，看似无路，其实，总有出路，所以，在遇到困境的时候，要懂得正确面对，要在忍无可忍时，学会咬紧牙关，拼尽全力去坚持。要在看似绝望的时候，抱着天下没有过不去的坎，没有翻不过的山的态度，信心百倍地走过困境。

　　很多人一遇到困难，就心慌意乱，不知所措，其实，在遇到困境的时候，要先静下心来，换个角度，换个思路思考一下。静不下心的时候，要试着深呼吸，这样往往就能静下心去思考，能想出绝妙的对策，从而豁然开朗，绝境逢生。

　　不管在通往梦想的路上，所遇到的困难与挫折有多大，都要咬紧牙关挺过去，要坚定信念，锲而不舍地挺过去。挺过去就会走出阴霾，迎来阳光明媚、风和日丽的日子。

　　"雄关漫道真如铁，而今迈步从头越。"不管通往梦想的路上，所遇到的困难与挫折是多么难以克服，都不要绝望。感觉日子难过时，要咬紧牙关，要相信，所有的困难与挫折都算不了什么，都能一一克服，总有一天，你会与梦想一起向着辽阔无垠的天际飞翔！

有恒心的人,才会脱颖而出

胜利永远属于那些有恒心,做任何事都能持之以恒的人。

凡事贵在持之以恒,恒心是可贵的。无论做何事,都要有恒心,那些凡事只是浅尝辄止的人,是成不了大事的。凡事持之以恒,能始终如一的人,才能实现梦想,才能享受到好梦成真之后的喜悦。

耐跑的马儿才会脱颖而出,有恒心的人能笑到最后,有恒心的人才能心想事成。

吉尔伯特·贝克特是英国十字军的骑士,在一次行军作战时,他不幸被俘,成了一名奴隶。贝克特没有对生活失去希望,他一直梦想着有一天能回到英国,并且积极乐观地生活。最后,他不仅赢得了主人的信任,还赢得了主人的女儿对他的爱情。

即使如此,他也始终没有忘记回归英国的梦想,他一次次地想着法子逃跑,最后,终于回到了英国。

他逃跑后,主人的女儿依然对他念念不忘,并有了去英国寻找爱人的想法。但是,这个可爱的姑娘根本不会说英语,只会说两个词:一个是"伦敦",另一个是"吉尔伯特"。

这个姑娘怀揣着寻找爱人的梦想出发了。在路上,她见人就一遍一遍地说"伦敦",最终她登上了一艘开往伦敦的轮船,并随轮船抵达了伦敦。

到了伦敦后,她见人就问"吉尔伯特",结果,在别人的指点下,她抵达了吉尔伯特居住的那条街。然后,她就喊"吉尔伯特"。

听到她呼唤的声音,很多人都会到窗口看一下,而吉尔伯特也跑到了窗口张望,当他看见窗口外是心爱的恋人时,他冲了出去,挽起姑娘的手臂……

在实现自己梦想的过程中,每个人都有可能遇到各种各样的挫折,有些人一遇到挫折就感觉梦想是那么无望,那么遥不可及,而有一些人则无论遇到多大的挫折,都会凭着一种信念和百折不挠的精神,继续在实现梦想的道路上坚持下去。

大家都听过愚公移山的故事。愚公带动一家老少,日复一日,年复一年地搬运着一座大山。

现在我们已经有现代化的移山工具,但我们所缺少的,是愚公那种百折不挠的恒心。

无论做什么事,都一定要有恒心。

只要你有恒心,不管在别人看来是多么不可能的事都能变成可能。

童第周出生在浙江省鄞县一个偏僻的小山村里。

一天，童第周看到屋檐下的石阶上有一行小坑，他就不解地问父亲："那屋檐下石板上的小坑是谁敲出来的？"

见儿子这么好奇，父亲便耐心地回答道："这不是人凿的，是檐头上的水滴下来敲打而成的。"

"啊？小小的水滴有力气把坚硬的石头敲成坑吗？"

"一滴水当然敲不出坑，可是时间长了，一滴滴的水，不断地敲，不停地敲，就能敲出坑了，而且还能敲出一个洞呢！所以，就有'滴水穿石'一说嘛！"

曾经有一段时间，童第周不想读书学习了，父亲就用这个故事教育他，并书写了"滴水穿石"四个大字赠给他，以鼓励他好好读书学习。

童第周将父亲的字与话铭记在心，每当在学习上遇到困难时，他就会用"滴水穿石"来激励自己再坚持下去。

读中学时，由于他基础差，童第周的学习有些跟不上了。第一学期结束后，他的平均成绩只有45分。学校令其退学或留级。

为了提高学习成绩，他在学习下狠下工夫。每天，天蒙蒙亮，他就在路灯下读外语；夜里熄灯后，他又去路灯下自修复习。

结果，他的学习成绩很快有了提高，他的平均成绩达到了70多分，几何还得了100分。自此，他明白了，世上没有天才，天才是通过不断地坚持、努力而炼成的。

小小的水滴只要长年坚持不懈，就能把坚硬的石头敲穿。一个有梦想的人，只要坚持不断地，持之以恒地学习，就一定能修炼到炉火纯青的境地。

"滴水可以穿石，锯绳可以断木"。做事有恒心，对任何事都一心一意，就能将事做得尽善尽美。如果三心二意，即使你是天才，也终难有所作为。

很多人之所以做事总是三分钟热度，总是半途而废，不能坚持做下去，就是缺少持之以恒的做事态度。所以，无论做什么事，一定要有恒心，要有坚强的意志，不能三天打鱼，两天晒网。当然，更不能见异思迁。

很多时候，我们做事时没有恒心，是因为受很多消极的心理因素影响，如不自信。如果对自己所做的事情不自信，就很容易产生放弃的念头。相反，当一个人做任何事情都能有始有终，就会在内心潜移默化，形成一股强大的力量。所以，无论做任何事，都应该克服消极的心理因素。

恒心往往是需要成功来支撑的，当一个人取得了一点成就之后，信心就会大增，这比任何鼓励都要给力。所以，要想培养恒心，给自己制订奋斗的目标时，就一定要明确。明确了目标后，再在这个大目标下制订许多小目标，然后踏踏实实地去努力。当你实现了一个小目标，就会有成就感，有信心实现下一个目标，完成下一个计划。

总而言之，成功有两个最重要的条件：一是坚定，二是忍耐。如果你在为梦想打拼的路上，遇到了困难与挫折，一定要坚定自己的意志，一定有要恒心。要靠着内心中这股无比强大的动力，一步步向前，一步步接近梦想，最终，你会抵达梦想的彼岸。

再试一次，你就有可能好梦成真

很喜欢刘欢的一首歌《从头再来》，一听到"心若在梦就在，天地之间还有真爱，看成败，人生豪迈，只不过是从头再来！"这句歌词时，总是为之怦然心动。

在这个梦想飞扬的时代，许多人在为自己的某个梦想打拼，可有些人打拼了多年，最终还是一事无成。如果你也是如此，你还会从头再来，还会有再来一次的勇气与豪迈吗？

科举失利的蒲松龄曾书写一副名联："有志者，事竟成，破釜沉舟，百二秦关终属楚；苦心人，天不负，卧薪尝胆，三千越甲可吞吴。"因为能卧薪尝胆，不怕失败，不气馁，他写就了《聊斋志异》。

失败了，真的没什么，只要还年轻，大不了从头再来，再多花点时间努力。

在我们身边，一些人之所以没有实现自己的梦想，不是因为他们能力不够或是对成功没有热望，而是因为缺乏足够的坚韧与勇气。结果，他们做事往往虎头蛇尾、有始无终。

其实，在通往梦想的道路上，让人害怕的不是遇到多少困难与挫折，而是在困难面前，有一些人会感到绝望，甚至失去再来一次的勇气。

1952年7月4日清晨，一位名叫费罗伦丝·查德威克的34岁女人，自海岸以西21英里的卡塔林纳岛上开始向加州游去，如果能成功地游过去，她就会成为第一个游过海峡的女士。

这天，天气不好，一望无际的大海上笼罩着一层浓雾，由于雾太大，她无法看清前方，甚至连护送她的船只，她看得都不是很清楚。

费罗伦丝·查德威克在海中游着。

15个小时之后，冰冷的海水快要将她的全身冻麻木了，她也感觉累了，感觉自己好像已经无法再坚持下去了，她就想让护送船把自己拉上岸。

见她想放弃，在另一条船上的母亲和教练就鼓励她坚持下去，并且一直告诉她离海岸已经很近了，让她再坚持一下。

费罗伦丝·查德威克原本可以休息一下，再向岸边游去。可此时，她向前面望去，只见茫茫一片，根本看不到岸在哪里。于是，她只坚持了几十分钟，就决定放弃这个计划了。

浑身湿淋淋的查德威克被人拉上了船，不一会儿，船就靠岸了。

希望就是一颗永不陨落的恒星，奋斗就是一支搏击风浪的船桨。或许，再坚持一下，就抵达了岸边，再奋斗一次，就有可能功成名就。可惜的是，很多人在一次失败后，就选择了放弃，自然，就与实现梦想无缘了。

在通往梦想的道路上,如果你暂时失败了,不要放弃,而要鼓起勇气,再试一次。再试一次,或许就会有截然不同的结果。

美国某机构有一批没收的脚踏车要公开拍卖。

拍卖会开始了,在每次叫价的时候,总有一个10岁多的男孩喊价。让人奇怪的是,他总是以5块钱开始出价,然后,眼睁睁地看着脚踏车被别人用30、40元的价格拍走。

中间休息的时候,好奇的拍卖员问小男孩:"为什么不出较高的价格来买呢?"男孩说:"我只有5块钱。"

不一会儿,拍卖会又开始了,那男孩还是想出5块钱来买一辆脚踏车,可脚踏车总是被别人用较高的价格买走。后来,很多人开始注意到这个总是首先出价的男孩。

眼看拍卖会就要结束了。此时,现场只剩下一辆最棒的脚踏车了。这辆脚踏车整个车身光亮如新,有多种排档、十段杆式变速器、双向手刹闸、速度显示器和一套夜间电动灯光装置。

拍卖员问:"谁要出价呢?"

这时,基本已经放弃希望的那个小男孩又轻声地开口道:"5块钱。"

小男孩叫完价后,没有人出声,没有人举手,也没有人喊价。拍卖员唱价三次后,他大声说:"这辆脚踏车卖给这位穿短裤白球鞋的小伙子!"

每个人都想尽快实现自己的梦想,可上天却总爱跟人开玩笑,总是不让人轻易如愿以偿,甚至会先让人饱尝那杯叫失败的苦酒。只有你饱尝了失败,并有勇气不断地进行新的尝试,上天才会最终把那杯叫成功的美酒让你一饮而尽。

有两只燕子,想在两棵树之间建一个家,于是,它们每天都去很远的树林中,寻找一点草,或一片小小的枝叶,然后很费力地用嘴叼回来。它们这样忙了很多天,眼看一个小家就要建好了,可谁知一场突如其来的暴风骤雨,却在一瞬间,将燕子多日的成果给毁掉了。

可执著的燕子并没有放弃建立家园的梦想。天晴了,它们又开始忙碌起来。不过,这次它们变聪明了,选择了一个无人居住的老房子,把家园建在屋檐下。终于,在一个春暖花开的日子,燕子们有了自己的新家。

在为梦想而奋发图强时,难免会遇到这样或那样的失败和痛苦。当你失败时,不要想着去放弃,而要寻找失败的原因,考虑如何改变缺点与不足,然后,给自己再试一次的机会与勇气。

失败并不可怕,大不了从头再来。所以,无论遇到多大的失败,都不要害怕,更不要因此而否定自己所做的一切,要给自己一份勇气,一个机会,然后重新出发。

坚定的信念，是抵达梦想彼岸的桥梁

在这个世界上，有一种力量特别具有魔力，特别神奇，它可以让人在黑暗中不停止摸索，让人在失败中不放弃奋斗，在挫折中不忘却追求梦想。这种力量，就是信念。

信念是什么呢？它是大山上郁郁葱葱的绿树，没有它，再高峻的大山，也了无生机；它是浇灌花草的雨露，没有它，再繁茂的茎叶也会干枯……

如果说梦想是一座没有竣工的大厦，那么，信念就是托起这座大厦的坚强支柱。总有一天，会让这座大厦傲然而立。如果说成功是秋天中灿然绽放的花园，那么，信念就是让梦想的种子不停成长的一种超能量。

汉朝著名史学家司马迁，因受"李陵事件"的牵连而入狱。在狱中，他受尽了非人的折磨与屈辱。

如果换作他人，可能就会选择轻生或苟且偷生了。

可司马迁既没有轻生，也没有从此意志消沉，反而披肝沥胆，专心著述，用了11年的时间，完成了《史记》的写作工作。

《史记》是一部长达52万多字的史书，一个人在良好的环境中，要完成如此巨大的鸿篇巨制，都不是容易的事。何况司马迁是在如此艰苦的环境中完成它，其中的艰难，恐怕很多人都难以想象。

其实，能在最困难的情况下，完成一部伟大的著作，正是因为司马迁心怀坚定的信念：要"究天下之际，通古今之变，成一家之言"。

只要有坚定的信念，有美丽的期待，梦想的种子即使没有生长在沃土中，也会生根发芽，一天天地成长，开出绚丽的花朵，结出沉甸甸的果实。

美国民权运动领袖马丁·路德金曾说："这个世界上，没有什么能够使你倒下，如果你自己的信念还站立着的话。"

有时，信念是一个人内心花园里的肥沃土壤，口渴时，它是可以望梅止渴的梅子；溺水时，它是可以救命的救生圈。它是让人屹立不倒的支柱，是强大力量的源泉。

望梅止渴的故事相信每个人都不会陌生。据说，曹操曾率领军队经过沙漠，茫茫的沙漠，不仅荒无人烟，而且严重缺水。

由于没水，当行军的士兵都感觉很渴时，曹操就给士兵打气说："前面有一大片梅树林，树上的梅子又酸又甜，可以解渴。"

士兵们一听，都觉得自己好像吃到了梅子，一时间，口水横流，都不觉得渴了，又有了力气行军，并很快走出了缺水的沙漠。

从表面看，是曹操骗了大家，实际上，是曹操在给大家坚定前行的信念。正是靠着这一信念，士兵们才走出了危险的境地。

一个人有如果有信念，在任何时候，都能站直了不趴下；一个人有如果有信念，所处的环境再艰难，也会不屈不挠，忍辱负重。一个人有如果有信念，他的命运再坎坷，也能不断超越自己，成就非凡事业。

一个人如果没有信念，或失去了信念，就如秋天的落叶，或落于地上，任人踩踢；或落于水中，随水而流，没有目标，没有方向，只能漫无目的地存活。

俄国的列宾曾经说过：没有原则的人是无用的人，没有信念的人是空虚的废物。而有信念的人，敢于直面追求梦想时所遇到的困难，能坦然面对各种挑战，能突破或大或小的障碍，去努力为梦想拼搏。

罗杰·罗尔斯出生于美国纽约的贫民窟，这里不仅环境差，十分脏乱，而且更是一个充满暴力的地方。

所谓近墨者黑，在这种环境下成长的罗杰·罗尔斯，自然从小就受到了不良的影响，并养成了很多恶习，在读小学时，逃学、打架、偷窃对他来说，如家常便饭。

一天，罗杰·罗尔斯又从窗台上跳下，然后，当他伸着小手走向讲台时，没想到却被校长保罗看见了。

他以为校长这次会批评他，可校长却对他说："我一看你修长的小拇指就知道,将来你一定会是纽约州的州长。"

说实话,自长到大,只有奶奶说过让他兴奋的话,说他可以成为五吨重的小船的船长。而现在,校长竟然说他可以当纽约州的州长。所以,罗尔斯非常惊讶,但也很开心。

从此以后,他记下了校长的话,并且坚信自己能当纽约州的州长。

从那天起,罗杰·罗尔斯像换了一个人,他的衣服不再满是泥土,他不再说粗话,做事情时也不再拖沓和漫无目的。

因为罗杰·罗尔斯一直坚信自己能当纽约州的州长,而且一直按州长的标准要求自己。在他51岁那年,他终于如愿以偿。

在就职演说中,罗尔斯说:"信念值多少钱?信念是不值钱的,它有时甚至是一个善意的欺骗。然而你一旦坚持下去,它就会迅速升值。"

因为校长给了"自己一定能成为纽约州的州长"这一信念,罗杰·罗尔斯就一直为这一梦想而努力,最终实现了看似不可能实现的梦想,这就是信念所创造的奇迹。

信念就是所有奇迹的萌发点。任何人都可以有信念,所有伟大的梦想,都是从一个小小的信念出发的。说信念是梦想的始发站,一点也没有夸大其辞。

"不经一番寒彻骨,哪得梅花扑鼻香。"在通往梦想的路上,遇到困境或失败是难免的,但无论遭受多少次失败,无论遇到什么样的困境,只要心中还有一粒信念的种子,只要内心的信仰之火不曾熄灭,只要坚信自己一定能实现梦想,那么总有一天,你会与成功拥抱。

第六章

梦想需要务实的行动者,而非空想家

梦想是华丽的,多姿多彩的,但千里之行,始于足下。人要想实现梦想,就需要脚踏实地做好每件事。如果没有行动,要想实现梦想,如果不踏踏实实地去努力,那么梦想就永远是海市蜃楼。梦想需要务实的行动者,不需要空想家。如果你有梦想,就踏实地去努力吧!

有梦想的人，只做证明题

青春可以说是梦想的代名词，在一生最美的年华，梦想比爱情更能快速让人成熟，让人彰显非凡的人格与魅力。

一个人最幸福的事，就是在年轻的时候，在一生最美的年华中，与美丽的梦想有一场千载难逢的约会，并能用尽全力，去赶赴这场华丽的约会，证明自己的青春没有虚度，证明自己在最好的年华中，曾不遗余力地打拼。

有梦想的人，从来不做选择题，而是在实现梦想的路上，义无反顾地前行，踏踏实实地努力，因为梦想不需要空想，只需要努力。

有一个小女孩，她需要把刚刚挤好的一罐牛奶拿到集市上去卖。

在去集市的路上，她把牛奶罐顶在脑袋上，一边走一边想着：如果能把这罐牛奶卖掉，就可以有钱买几只小鸡。等小鸡长成大母鸡之后，就会下很多蛋。之后，这些蛋又能孵出许多小鸡，小鸡长成母鸡后还会下更多的蛋……把这么多的蛋卖掉之后，就有钱买一套漂亮的礼服了。我要是穿上这套礼服去参加王子的宴会，王子会一下子爱上我，邀请我跳舞，向我求婚……那样，我就可以过上让人羡慕的生活了……

小女孩想啊，想啊，越想越美，越想越开心，最后，她开心地跳起来。郁闷的是，她忘记头上有牛奶罐了，结果手一滑，牛奶罐从头顶上掉下去，摔在地上，牛奶洒了一地。

心怀伟大的梦想，憧憬美好的未来，本身无可厚非，错的是只有梦想，却不想付出努力。

一只小鸟，如果连羽毛都没有长好，又怎么可能拥有强壮的翅膀呢？有梦想的人，如果不去努力，又怎么能让梦想变为现实？

无论是谁，要想实现梦想，拥有美好的未来，都需要付出汗水和努力，而不是坐在一个地方或站在一个地方浮想联翩，无所事事。

人们常说，心想事成。其实，所谓的心想事成，不是想什么就能收获什么，而是要在有了梦想之后，设法去为实现梦想而努力。如果不肯踏踏实实地走好脚下的每一步，只想要一飞冲天，那是不太现实的。

谁都年轻过，谁都心比天高过，谁都有想实现的梦想。但有梦想的人，如果只是天马行空地浮想，而不去付诸行动，那就是空想，是在一天天地埋葬自己的梦想。

听说过寒号鸟的故事吗？

寒号鸟长着四只脚，有两只光秃秃的肉翅膀。别看寒号鸟在冬天的时候，模样看起来不起眼，可它却想做最漂亮的鸟。

夏天的时候，是寒号鸟最漂亮的季节。一到夏天，原本光秃秃的寒号鸟，浑身长满了绚丽的羽毛。于是，寒号鸟就觉得自己是天底下最漂亮的鸟了，甚至觉得凤凰也比不上自己美丽。

当其他的鸟儿都在为冬天筑巢而忙碌时，寒号鸟则在忙着显摆自己："凤凰不如我！凤凰不如我！"

夏天一天天地远去了，秋天不知不觉地就来了。秋天来了之后，鸟儿们更忙了，有的鸟儿开始结伴向远方飞去，准备在那里度过冬天；有的鸟儿整天忙着寻找食物，修理窝巢，为过冬做一些必需的准备工作。

可寒号鸟呢，还在一个劲儿地显摆自己的嘴皮子功夫，一个劲地到处炫耀自己身上漂亮的羽毛。

没多久，冬天来了，天气变得一天比一天寒冷。到了下大雪的时候，鸟儿们都在自己温暖的窝里过冬。而寒号鸟呢，身上漂亮的羽毛都脱落光了，却没有可以避寒的家。一到晚上，它躲在石缝里，冻得浑身直打哆嗦，它不停地叫着："好冷啊，好冷啊，等到天亮了就造个窝啊！"

等到天亮后，太阳出来了，它就感觉很暖和了。于是，它又忘记了夜晚的寒冷，又想着得过且过。

最后，其他的鸟儿都安全地度过了冬天，只有寒号鸟被冻死在岩石缝里了。

没有人会愿意让自己的青春时光一点点虚度，也没有人希望让梦想在逝去的光阴中被埋葬。所以，如果有梦想，就要去努力打拼，不要再等待什么，更不要安于现状。

有两只受伤的小鹰，被一个好心的猎人带回了家，猎人给它们疗伤，喂它吃东西。

在猎人的悉心照顾下，两只小鹰慢慢地恢复了健康，并且一天天地长大。

有一天，两只小鹰看见天空中有几只雄鹰飞过。

其中一只小鹰看见了，就梦想着有一天，自己能像雄鹰们一样，在广阔的天地之间展翅翱翔。

自从有了这个梦想之后，小鹰就不停地练习飞翔，在练习时，它一次次地摔在地上，但每次摔倒之后，它总是要再重新站起来，并继续练习。另一只小鹰难以理解它的行为：现在的生活不愁吃不愁喝，何苦这么为难自己呢？

终于有一天，那只不断练习的小鹰飞上了蓝天，它一会儿俯瞰大地，一会儿又冲上云端，最终，它向更远的远方飞走了。

此时，那只懒惰的小鹰，开始羡慕飞走的小鹰，也想练习飞翔，可已经来不及了。

对于梦想，有些人从不夸夸其谈，只是默默地努力拉近自己与梦想之间的距离，只用行动证明自己对梦想的热爱与忠诚。最终这些人获得了成功。

有梦想的人，一定要努力打拼，要用行动、汗水证明给自己看，而不是用美丽而苍白的语言装点梦想,让梦想慢慢地成为幻想。

青春是美好而短暂的,无论你有什么样的梦想,都要将梦想变成行动,变成不懈的努力,用不断的努力与行动来证明自己,来把梦想变成现实。

有梦想的人,加油吧,当你用不懈的努力为梦想歌唱时,你就是在为美丽的青春谱写最炫的诗章。

梦想再美,也要始于足下

老子曾经说:"天下之难事,必作于易;天下之大事,必作于细。"这句话的意思是:所有难做的事,都是从容易做的事做起的;所有的大事情,都是从小事做起的。

在我们身边,总有一些人认为自己是有远大梦想的人,应该做一番轰轰烈烈、惊天动地的大事,应该指点江山,而不应该去做一些不起眼的小事,做小事,那等于是大材小用。所以,如果有人让他们做小事情,他们就会眉头紧皱,或者干脆拒绝。

小事真的这么不屑一顾吗?

东汉的时候,有个叫陈蕃的小男孩,他志向高远,立志做出一番丰功伟业。于是,他天天将自己关在一个小房间中,日夜攻读,至于其他的事情,他一概不做,也不想做。

一天,他父亲的朋友薛勤来访,一进院子,吓了一大跳,因为院子中是一派杂草丛生、纸屑满地的景象,让人不忍直视。

见院子中如此脏乱差,薛勤就好奇地问陈蕃:"知道家里有客人来,你怎么不提前打扫院子呢?"

陈蕃理直气壮地答道:"大丈夫处世,应当治国平天下,区区一个院子有什么好打扫的呢?"

听陈蕃如此说,薛勤摇了摇头,说:"你连一个庭院都不愿意打扫,那又怎么能治国平天下呢?"

很多人总以为做大事的人,可以不拘小节,但如果一件小事都没能力做好,又怎么有能力去做大事呢?

所谓的"大事业"就是由许多小事构成的,那些看似平凡,不足挂齿的事情俯拾皆是,比如,打一份文件,擦一下办公桌,填写一张表格。如果对小事抱着消极的态度,不认真去做,对小事敷衍了事,那么,也难以成就大事,甚至会一着不慎,输掉全局。

从某种意义上来说,一个人能力的高低,就体现于他能否把一些小事情做完美、做好,即在一些小事情上能反映出做事的能力。所以,千万不能因为某一件事情不起眼,感觉它低微就鄙视它,放弃它,这等于是让自己失去了一次修炼、提升自我能力的机会。

在日常生活中,你也许会注意到这样的现象:很多人在考试时,习惯从最简单的题开始做,简单的题做好后,心中有了把握,再去做有些困难的题,似乎就感觉容易得多了。

没有人天生会做大事,有一些人之所以能做成大事,是因为平时踏踏实实地做一些小事,时间一长,做事的能力就不断得到提高,遇到棘手的问题或遇到大事时,就能应对自如,得心应手。

第六章 梦想需要务实的行动者，而非空想家

我们每个人的大梦想皆由小事而成，皆由小目标组成，如果你有远大的梦想，却不愿做小事，不想做小事，拒绝做小事，那么，你所谓的大事就只能成为空想，所谓美丽的梦想，也难以实现。

千里之行，始于足下。无论做什么事，都要从做好小事做起。所以，要想实现高远的梦想，我们先要做好一件小事，然后坚持不懈地做好每件小事，不断努力。

本田公司的创始人本田宗一郎，曾经在公司的走廊上摆了不少鲜花。最初的时候，这些花由一个花匠来管理。花匠很负责任，经常给这些花儿浇水、培土。

后来，由于公司财政方面出现了严重的危机，花匠就辞职了，但让人惊讶的是，虽然那些花没有人去照料了，可依然没有凋零。

这是怎么回事呢？本田宗一郎开始观察，没多久，他就发现，他们公司有一个年轻人，每天来得都非常早，来到公司后，就先给那些花儿浇水、培土。

年轻人的行为感动了本田宗一郎，他想，一个年轻人，能坚持做好不属于自己分内的小事，那么，他以后也一定有能力做好其他事情。于是，他就将年轻人提拔为一个部门经理。

后来，这位年轻人不负众望，成为本田公司开拓海外市场的得力干将。

没有人不想早一天实现梦想，可又有多少人乐于或甘心做一件件的小事，能静下心来，踏踏实实地做好每一件小事呢？特别是一些

年轻人，他们虽然有远大的梦想，可不少人却眼高手低，心浮气躁，好高骛远，不屑于做小事，殊不知，万丈高楼都是一砖一瓦地建起来的，宏伟的建筑都是一步步修筑成的。

也有很多人，之所以不愿做小事，是认为认真地做小事，做一些琐碎的小事会浪费时间和精力。其实，在通往梦想的道路上，没有什么小事，只有一个个小目标，只有努力实现每一个小目标，踏踏实实地做好每一件小事，才能不断磨炼意志，积累经验，提升自我能力，从而一步步抵达梦想的高峰。

一位从名牌大学毕业的学生，通过朋友的介绍，到一家企业应征秘书一职，人力部的主任和这位年轻人约定的面试时间是星期二的上午10点。

到了星期二上午，这位年轻人由于路上耽误了时间，在10点过5分才到达人力部，但是人力部的主任已经在忙着接待其他的求职者了。

过了几天，这位年轻人又去见人力部的主任，请他再给自己一次机会。主任问起他之前迟到的原因，年轻人回答说："我在路上遇到了塞车，所以就迟到了一会儿。"

主任看见年轻人并没有为迟到的事而感觉羞愧，就严厉地说："迟到5分钟和迟到1小时并没有什么差别，迟到就是迟到，是在浪费他人的时间，这会令人看轻你的人品与做事的态度。"

同样的一件事，在有的人眼中可能是小事，在有的人眼中可能就是大事，所以，一定要重视每件小事，即使是做小事，也要用心去做，不然，就会失去做大事的机会。

不积跬步，无以至千里。梦想无小事，如果你有梦想，就要努力做好每件小事，哪怕这件事别人都不屑去做，你也要努力去做。坚持认真做好每件小事，上苍就会给你最好的机会，让你获得最丰厚的回报。

早起的鸟儿有虫吃

别等太阳升起再起床,别等太阳升起才去寻找光明,如果有梦想,就要在黎明时分出发,因为未来总是属于那些醒悟最早,行动最早的人。

早起的鸟儿有虫吃。成功属于那些早早行动的人,如果你勤奋努力,每天比别人早起一会儿,勤奋努力工作学习,就会比别人多一分收获,比别人早一点抵达目的地。

鲁迅先生在少年时,为了避免自己上学迟到,就在课桌上郑重地刻下一个"早"字,并暗暗地许下诺言:一定要早起,不能迟到。

虽然因父亲的病情加重,鲁迅更频繁地到当铺去卖东西,还要做家务,但那个刻着"早"字的课桌,一直激励着鲁迅努力学习,激励着他每天早早起床,料理好家里的事情,按时到私塾去上课,提醒着他要"时时早,事事早"。

最终,聪颖、勤奋的鲁迅,成为一代文学巨匠。

第六章 梦想需要务实的行动者,而非空想家

颜真卿的《劝学》诗云:"三更灯火五更鸡,正是男儿读书时。黑发不知勤学早,白首方悔读书迟。"这首诗的意思是,每天三更半夜到鸡啼叫的时候,是读书的最好时间。少年时只知道玩,不知道要好好学习,到老的时候就会后悔自己年少时为什么不知道要勤奋学习。

早起是一种卓越的精神,更是成大事者必备的良好习惯。如果你想实现自己的梦想,想要比别人收获更多,就要付出更多的努力。

高盛的前CEO保尔森,可算是一个成功人士。

保尔森在高盛时工作很忙,但由于习惯早起,对繁忙的工作,多能应对自如。

高盛将近40%的收入来自海外市场,因此,在高盛工作时,保尔森需要经常出差。

当他来中国时,经常是坐最早的一班越洋航班,在清晨6点抵达北京。

在北京,入住了酒店后,他就去健身房跑步以锻炼身体。之后,繁忙的一天开始了,这一天,他要做的工作多是开会。通常,会议从8点钟开始,一个接着一个,直到晚上9点才会结束。

第二天早晨,保尔森依然会早起,然后去健身、工作。晚上,再乘飞机回到纽约。

如果不出差,在纽约家里的时候,保尔森一般是晚上10点钟准时睡觉,第二天早晨5点半起床,每周锻炼四五次。

早起意味着勤奋，勤奋意味着有机会；早起一小时读书、工作，就等于快别人一步。步步先于别人，就能先发制人。所以，大多成功者都有早起的习惯，都有凡事早一步行动的习惯。

作为世界级企业家，李嘉诚每天要处理的事情总是太多。之所以每天能从容不迫地应对日常工作，是因为他多年来所保持的早睡早起的习惯。

有时，即使因工作太多，睡得相对晚一些，他也会在清晨4点多钟起床。起床后，他先听新闻，然后，打一个半小时的高尔夫来锻炼身体。

每天早晨李嘉诚都能在办公桌上收到一份当日的全球新闻列表，然后，他根据题目，来选择自己能完整读完的文章，而读完这些与全球经济、行业变迁有关的文章，李嘉诚总能受到一些启发，从中迸发出思维的火花与灵感。

一些成功人士每天都很忙，那他们每天是如何合理地安排工作计划的呢？其实，没有什么秘诀可寻，只是每天比别人早起一步。

在通往梦想的路上，竞争激烈，要想先行一步，先人一步，就要做早起的鸟儿，早点出发。虽然早行的路上，视线可能会被轻雾遮住，衣衫会被露水打湿，但只要朝着梦想的方向行进，必然会成为最早拥抱梦想的人。

梦想成真的机会，总是给那些早起的人准备的，所以，如果你要欣赏到壮美的日出风景，就必须在日出前攀登上高高的山峰。如要你要想抓住好的机会，就要凡事比别人早一点行动。如果你要实现自己的梦想，就要早起一步，早一步向梦想出发。

"一年之计在于春，一日之计在于晨。"每天早起一步，你就离梦想的距离近了一步。每天早起不仅会让你收获梦想的果实，还会让你比别人早一步实现自己的梦。

集中精力,做好眼前的每件事

立于山顶看风景的时候,很多人都习惯将目光投向远方,喜欢追寻远方那时隐时现的风景,而看不到近处的层峦叠嶂,青山绿水。之所以会这样,是因为我们给自己戴了"望远镜",在望远镜中,我们所能看到的永远是下个目标,更远的目标,而忽视了眼前的目标。

在通往梦想的路上,我们不能戴着"望远镜"赶路,不然,纵使拼命奔跑,也看不到眼前的目标,看不到眼前需要做的事。

实际上,有了远大的梦想和长远的目标,也要把眼前的事情做好。只有努力把眼前的一件件具体的事情做好,才能聚沙成塔,为实现梦想积蓄强大的力量。

在现实生活中,如果我们计划好要做一件事,结果却又想做其他的事,那恐怕这两件事都做不好。

听说过"将军赶路不追小兔"的故事吗?

有一位将军,率领大军去打仗,在路上他看到有一只奔跑的小兔子。要是在平时，这个将军早就去追小兔了。可此时，他在行军的路上，是决不能去抓小兔子的。

将军率领大军去打仗，兵贵神速，一分一秒都是重要的，有时哪怕只差一分钟都有可能失去战机，造成不应有的失败。所以，带兵打仗的将军必须全力以赴地行军，集中所有的精力做好眼前最重要的事——行军、赶路，而且要心无旁骛，不开小差，不去想与行军无关的事情。只有这样，才能以最快的速度抵达目的地。同样的道理，一个人只有脚踏实地做好自己眼前的每一件事情，才能应对更多的事情。而如果一直不能将精力集中在某一件事上，那么就很难将这件事做得更好，更出色。

一个人无论有什么高远的梦想，都要先集中精力做好眼前的事，只有这样，才能腾出时间与精力应对更多的事，才能有条不紊地做好所有的事。

众所周知，狼一般都能成功地捕获目标猎物，之所以如此，是由于它有着执著的精神，在这种精神的支撑下，它才能从始到终，坚定不移地追赶猎物，将自己的全部精力集中在猎物上。而有些人之所以没有实现自己的梦想，放弃了自己的梦想，很大一部分原因是因为在为梦想拼搏时，缺少执著精神，甚至别人的一句讽喻，都会让他改变初衷。

不专注，不执著，可以说是梦想的最大敌人与克星。

很久以前，有个寺庙里来了一个新的小和尚，方丈让新来的小和尚去砍柴挑水。小和尚是来学佛的,见方丈整天让自己砍柴挑水,做一些日常生活中最平常不过的活,就觉得有些委屈。一开始的那几天,他还一直忍着。时间一长,他就忍不住了,他对方丈喊道:"我是来领悟佛家哲学的,你却要我做与之无关的事情,我不干了!"

见小和尚发火了,方丈却一点都没有批评他,反而和蔼地对他说:"你不想做好眼前的一些小事情,怎么能领悟得了佛家哲学?要知道,做任何事都不能好高骛远,三心二意。"

听到方丈这么说,小和尚恍然大悟。之后,他再也没有委屈感了,而是勤勤恳恳地做好眼前的每一件事,最终成为了一个名扬四海的高僧。

很多有梦想的人,都像一开始的小和尚那样,只想着做大事,却忽略了眼前要做的一些小事。试想,假如没有办法将精力投入到一件事情上,那么我们又怎能奢求获得回报呢?所以,无论你的梦想多伟大,都要先做好眼前的事,这才是成就梦想的最佳方式。

任小萍曾任北京外交学院副院长,她说过这样一句话:"在每一个岗位上,我都有自己的选择,那就是要比别人做得更好。"

大学毕业后,任小萍被分到英国大使馆做接线员。做一个小小的接线员,在他人看来,是一份没什么意思的工作。可任小萍却没有嫌这份工作不好,而是十分努力地工作。任小萍工作十分认真,没多长时间,她就能把使馆所有人的名字、电话、工作范围甚至连他们的家属名字都记得滚瓜烂熟。

第六章 梦想需要务实的行动者，而非空想家

有时，有人打过来电话，却不知该找谁，此时，任小萍就会多问问，尽量帮他准确地找到要找的人。

时间一长，使馆的工作人员如果有事外出，都会给她打电话，告诉她会有谁来电话，请帮忙转达。

由于任小萍认真地做好了自己应该做的工作，最终，她被破格调去给英国某大报记者做翻译。

无论什么时候，无论做什么事情，重要的不是你有多么远大而恢弘的梦想，而是你能否认真地做好手中的每一件事情，哪怕这件事情在别人看来平淡无奇，枯燥无味，只要你认真努力去做，就会在平凡中变得不平凡，就会不断提升自我，就能百尺竿头，更进一步。

梦想有大有小，有近有远。先做什么？先实现什么梦想？关键在于选择，关键在于要懂得选择什么，放弃什么。既然选择了眼前要做的事情，就要一心一意去做，千万别因为这件事太小，或者你想做其他的事，就放弃它。

通往梦想的路上处处皆风景，处处皆目标。所以，不要总是将目光投向远方，而是要投向眼前，甚至是脚下。无论你有什么样的梦想，都要脚踏实地、集中精力做好眼前的事，不要错过眼前的机会，更不要错过眼前的风景。

做好今天的事,先不管明天如何

时间就是金钱,时间就是生命,时间就是决定一个人成功与否的关键因素,可很多有梦想的人,总认为自己的一生还长着呢,自己还有大把大把的时间去实现梦想。于是,他们做事总是拖泥带水,或习惯凡事向后拖延,凡事总想着明天再做。

其实,人的一生看似漫长,实则很短,甚至可浓缩为"三天",即昨天、今天、明天。昨天已随风而去,明天还没有到来,我们能把握的,能看见的只有今天。所以,一定要把握好今天,把今天应该做的事情按时做完。

瑞士著名教育家裴斯·泰洛齐说:今天应做的事没有做,明天再早也是耽误了。

今天是当下,今天是现在,没有今天,就没有明天。所以,今天应该做的事,不要拖到明天,现在需要马上做的事情,不要拖到以后再去做。

很多人可能觉得拖延一会儿没有什么,但如果有梦想的人做事拖延,就等于拖延了自己的梦想。凡事拖延,做事情拖拖拉拉,这样的人梦想再多,最终,也不会有什么大的作为。即使有点小的成就,也会前功尽弃,赔掉自己多年努力的结果。

做事拖拉,是有梦想人的大忌。哈佛大学教授哈里克曾说:"世上有93%的人都因拖延的恶习而最终一事无成,这都是因为拖延能够杀伤人的积极性。"

比尔·盖茨说,凡是将应该做的事拖延而不立刻去做,而想留待将来再做的人总是弱者。凡是有力量、有能耐的人,都会在对一件事情充满兴趣、充满热忱的时候,就立刻迎头去做。

有一个年轻漂亮的演员,在大学时,她曾经有这样的梦想:在大学毕业后先去欧洲旅行一年,然后成为百老汇最优秀的女演员。

她的老师得知了这一想法后,就问她:"你旅行后去百老汇实现自己的梦想,跟毕业后去百老汇实现自己的梦想有什么差别?"

这位女演员认真地想了想:"去欧洲旅行,并不能帮我赢得去百老汇的工作机会。"

明白了这个道理后,这位女演员就对老师说:"我一个月以后就去百老汇找工作!"

老师听了她的这一计划,不满地问她:"你现在去跟一个月以后去有什么区别呢?"

这位女演员说:"我想用一个月的时间,做一下准备。比如,我要花几天的时间,买一些生活用品。"

听她如此说,她的老师质问道:"你想买的生活用品,在百老汇都能买到,为什么不马上动身呢?"

这位女演员说:"嗯,我马上就去订明天的机票。"

第二天,这位女演员就到了纽约百老汇。当时,百老汇的制片人正在筹备一部经典剧目,有几百名演员前去应征主角。

几经周折,这位女演员从一个化妆师手里拿到了将排的剧本。之后,她又闭门苦读,悄悄演练。最终,经过考试,她脱颖而出。由此,走上了演艺生涯,并获得成功。

很多人有梦想,也为实现梦想制订了很多计划,可总是不能马上执行,而是今天拖到明天,明天再拖到后天。以此类推,发现手头总有做不完的事,总抱怨自己的时间不够用。

多年后,他们的生活依然离梦想很远。所以说,人在为梦想而努力时,最可怕的不是遇到多大的困难,而是不能马上行动。

在古罗马的废墟里,一位哲学家曾经发现了一尊双面神像。好奇的哲学家问神像:"你是什么神啊,为什么有两张面孔?"

神像回答:"我是双面神。我可以一面回忆过去,汲取教训;一面展望未来,充满希望。"

哲学家又问:"那么现在呢?你看到什么了吗?"

"现在?"神像说,"我只管过去和将来,哪还有时间管现在?"

哲学家说:"过去的已经过去,将来的还没有来到,我们唯一能把握的就是现在!"

神像听后,自责地说道:"你说得有道理,从前,我驻守这座城

第六章 梦想需要务实的行动者,而非空想家

时,总认为自己能够回忆过去,展望未来,却没有好好把握现在。结果,这座城池被敌人攻陷了,美丽的辉煌成了过眼云烟,我也被人们弃于废墟中了。"

其实,每一个时刻,每一天,我们都有必须要做、要完成的事情。现在的事情,需要现在就去做。今天的事情,不要拖到明天。

每个人的一生中总有许多美好的憧憬、远大的理想、切实的计划。如果能做好今天应该做的事,做完今天应该做的事,养成"今日事,今日毕"的做事习惯,按部就班地完成每一天,每一周,每一个月的计划,那么,终有一天,我们就会实现梦想,让憧憬变为美好的现实。

从前,有一个孩子,他父亲让他每天早晨清扫院子里的落叶。

秋风四起的日子,每天院子中都要落很多叶子,所以,这个孩子每天清晨都要花很长时间,才能把院子打扫干净。而每天清扫落叶,对他来说,也是一件很麻烦的事。

有什么办法能将第二天的落叶也一起扫净呢?

有人跟他说:"明天,你在打扫之前先用力摇树,把落叶都摇下来,后天就可以不扫落叶了。"

这个孩子觉得这个法子很好,于是,他第二天就起了一个大早,然后,用力地猛摇树。结果,他还真的摇落了一些叶子。他想,明天就不用扫落叶了。

第二天早晨,这个孩子起床后,又走到院子中,可让他郁闷的

是，院子里依然是一地的落叶。

为什么自己昨天很努力地扫落叶，可今天还是落叶满地呢？为什么昨天没有将今天的落叶一起扫净呢？

见孩子如此纠结，他的父亲告诉他："无论你今天怎么用力，明天的落叶还是会落下来。在这个世界上，有很多事情是无法提前的，你只有做好今天的事情，把握好今天，就可以了。"

很多人总是怀念昨天，总是对昨天念念不忘；总期待明天，对明天有很多美丽的憧憬。可昨天再精彩，也已经过去，明天再美丽，也还没有到来。所以，不要总沉浸于对昨天的回忆中，也不要一味地等待明天，人一生中最需抓紧的，就是今天。

做好今天的事，并不是说不要为明天制订规划。只是说在没有明确的新目标之前，先做好手头的事，这样，无论明天做什么，都会得心应手，水到渠成。也就是说，做好今天的事，是为明天筑起向上的台阶。

赛谬尔·斯迈尔斯说：利用好时间是非常重要的，一天的时间如果不好好规划一下，就会白白浪费掉，就会消失得无影无踪，我们就会一无所成。

昨天，再瑰丽的诗篇也会失去新意，再斑斓的美景也会失去色彩；明天再动人，也像雾里看花一样缥缈，如同梦中的彩虹一样遥远。唯有今天，才是可以把握的。

昨天已经过去，明天还没有到来，今天的时间在钟表的滴答声中减少。别再等待了，去做今天必须完成的事情吧。

第七章

厚积薄发,才能绣出梦想的锦绣图案

梦想是一场修行。要想实现梦想,就要内外兼修,需要不断地学习,为自己充电,补充能量,直至自己足够强大。所以,有梦想的人再忙,也要挤出时间读书,养成良好的读书习惯,同时也要培养乐观的个性。并且,要注意积累各方面的人脉与资源,加以利用与整合,学会借力腾飞。

梦想，就是好习惯

美丽的风筝能在天空中高高飞翔，是因为它习惯了细线的操纵；灿烂的繁星，能在辽阔的宇宙间，日复一日有条不紊地转动，是因为它习惯于按照自己的轨道运行。

大千世界，芸芸众生，不论是风筝还是繁花似锦的花木，都有自己的生存或生活习惯。

有一对父子俩在山上生活，靠打柴为生，每天，他们都要赶牛车下山卖柴。一路上，父亲负责驾车，但山路崎岖，弯道特多，儿子眼神较好，总是在要转弯时，习惯性地提醒道："爹，该转弯啦！"

一天，父亲病了，儿子只好独自驾车下山卖柴。到了弯道的地方，牛怎么也不肯转弯，儿子用尽很多方法，比如，下车去推拉车子，用青草引诱牛转弯，结果，牛就是不动窝。

这是怎么回事？

儿子百思不得其解。最后，他恍然大悟了……他左右看看无人，

第七章 厚积薄发，才能绣出梦想的锦绣图案

便贴近牛的耳朵大声叫道："爹，转弯啦！"结果，牛马上前行转弯了。

牛用条件反射的方式活着，它有自己的生存习惯，而人也有自己的生活习惯。

"习惯"是指长时间养成的不易改变的行为动作、生活方式、社会风尚等，所谓"好习惯"，也就是良好的行为与规范。

习惯的力量是强大的，它决定人的思维和行事方式，甚至可以左右人们的梦想。一个的梦想最终能变为幸福的现实还是成为落花流水，多由习惯左右，甚至由一个小得不起眼的习惯左右。

40多年前，苏联宇航员加加林乘坐"东方"号宇宙飞船进入太空，成为世界上第一个进入太空的宇航员，实现了自己与人类的飞翔梦想。

加加林之所以能有这样的幸运，能在多名宇航员中脱颖而出，不仅由于他能力非凡，更主要的是在于他有好习惯。

在确定人选时，所有的候选人实力都不相上下。但在演习之前，只有加加林一个人是脱了鞋进入机舱的，而脱鞋进入机舱只是他平时养成的习惯——他怕弄脏机舱。

虽然脱鞋进入机舱，只是一个不起眼的小习惯，可却让设计飞船的主设计师特别感动。于是，他当即决定让加加林执行试飞。

毫不夸张地说，习惯能让一个人梦想成真。一个有梦想的人，一

定要有良好的行为习惯。

一位心理学知名博士曾说:"一个人习惯于懒惰奢侈,他就会无所事事;一个人习惯于勤奋节俭,他就会孜孜以求,克服一切困难,做好每一件事情。"

在19世纪,有很多的石油商人,但最后,只有洛克菲勒独领风骚。洛克菲勒能成为石油行业的领军人物,绝非上天垂青,主要是在于他有很多良好的习惯,比如,精打细算。

在经营公司时,洛克菲勒特别注重成本的节约,甚至将提炼每加仑原油的成本计算到第三位小数点。并且,连价值极微的油桶塞子他也不放过。他曾写过这样的一封信:"本月初送去你厂1万个塞子,本月你厂使用了9527个,而现在报告剩余112个,那么,其他的塞子哪里去了?"

曾有人这样说:"有什么样的思想,就有什么样的行为;有什么样的行为,就有什么样的习惯;有什么样的习惯,就有什么样的性格;有什么样的性格,就有什么样的命运"。

习惯决定成败,多一个好习惯,就会多一次实现梦想的机会;多一个好习惯,就会多一分将梦想变成现实的信心。

习惯都不是天生的,而是后天养成的,每个人都可以依据自己的梦想取向有意识地培养某种好习惯,纠正某种坏习惯。

如果一个人有梦想,一定要先盘点一下自己的习惯资本,看自己有多少好习惯,有多少坏习惯。然后将这些好习惯与坏习惯列一个清单，把好的习惯延续下去，把坏习惯一个个地改变。

  一个人要想梦想成真，凡事必须积极主动，只有积极地去面对所有的事情，养成凡事积极主动去做的习惯，才有为梦想打拼的动力，才能让生活更加精彩。

  实现梦想的路是一段不长不短的旅行，既然我们有远大的梦想与目标，就要养成善始善终的习惯，不论做什么事，都要有始有终，要始终如一地坚持下去。

  在生活或工作中，我们有很多事情要做，但时间是有限的，这就需要合理地安排，养成要事第一的习惯，学会做正确的事，能区分重要与不重要的事，永远将重要紧急的事放在第一位。

  养成良好的习惯并不难，难得是能坚持下去。如果你要养成好习惯，就要将每一种良好的行为不断地重复，慢慢地就会成为一种习惯。

  当你养成了一个好习惯，就要坚持下去，不断地强化它。慢慢地，它就会春风化雨一样溜进你的心灵，变成你内心深处一股奇妙的源泉，成为你追梦途中的正能量，帮助你实现心仪已久的梦想。

  养成一个好习惯，就离梦想更近一步；改变一个坏习惯，就在梦想的路上更上一层楼。从现在开始，让我们每天养成一个良好的生活或工作习惯，每天改掉一个坏的习惯，只有这样，才能为自己的梦想高楼，打下一个坚实的基础。

静心学习,梦想需要真功夫

梦想是一场不远不近的修行。无论何人,要想实现梦想,都要内外兼修。内,是指在心理上不断提升;外,则需要勤奋地学习,为自己充电,补充能量,直至自己足够强大。

莎士比亚说过:"书籍是全世界的营养品。"读一本好书就犹如经受一次精神洗礼。所以,一个有梦想的人,要勤奋学习,不断地为自己充电,不断地读书,不断地修炼,才能提升自己的综合素质。

当为生活或梦想打拼时,或许你很忙,很累,可再忙再累,也要静下心给自己一点时间学习,给自己一点时间读书。只要你想给自己一点时间,总是有时间去学习的。

隋朝的时候,有一个叫李密的人,在他少年时候,曾经在隋炀帝的宫廷里当侍卫。

李密生性好动,轮到他值班的时候,他总是左顾右盼,不好好值班,结果被隋炀帝发现了。

第七章 厚积薄发，才能绣出梦想的锦绣图案

隋炀帝认为这孩子不大敬业，就免了他的差事。

李密并没有懊丧。回家以后，他发愤读书，一心要做个有学问的人。有一回，李密骑了一头牛，出门看朋友。在路上，他把《汉书》挂在牛角上，抓紧时间读书。此事被传为佳话。后来，李密也真的成为一个学识丰富的人。

"胸藏文墨怀若谷，腹有诗书气自华。"渊博的学识和宽广的眼界会让一个人散发出一种卓尔不凡的气质，拥有强大的气场，能博古通今，能激扬文字，指点江山。

范仲淹在两岁的时候，他的父亲就去世了。

父亲去世后，家境衰落，为了生活，母亲改嫁到了常山的朱家，范仲淹也随母亲到了朱家生活。虽然范仲淹小时候命运坎坷，但那时，范仲淹就很喜欢读书，曾在长白山醴泉寺读书。因家庭贫苦，在醴泉寺读书时，他每天只能煮一盆薄粥，划作四块，分两餐吃。虽然生活很苦，范仲淹还是坚持在醴泉寺学习了三年，完成了学习的任务。

后来，他知道了自己的家世，就告别了母亲，去南都学舍读书。此时，他在学习上更为勤奋，每天大部分时间他都在读书学习，白天学习的时候，很少吃东西，常常是快到晚上的时候，才吃一点东西。晚上的时候，经常通宵达旦地读书学习。感觉困了的时候，就将水浇在脸上。据说，为了读书学习方便，他五年没有脱衣服睡觉。

在勤奋学习的过程中，范仲淹有了"先天下之忧而忧，后天下之

乐而乐"的抱负，并努力实现了它。

　　梦想是一个曲折起伏，变幻莫测的大舞台，想在这个大舞台赢得更多的掌声与鲜花，想要在这个大舞台上永远出彩，就要有高超炫人的舞技，有过硬的本领，这就需要不断学习。

　　书中自有黄金屋，坚持读书，读精品书，并能静下来思考，不断扩充知识面，提升见识，做到每天一点点积累，就会有不小的长进。

　　一代伟人毛泽东曾经说："我一生最大的爱好是读书，饭可以一日不吃，觉可以一日不睡，书不可一日不读。"为了能多读一会儿书，他是分秒必争，把一切可以利用的时间都利用了。

　　每阅读一本书，一篇文章，都在重要的地方划上圈、杠、点等各种符号，在书眉和空白的地方写上许多批语。有时，还把书、文中精当的地方摘录下来或随时写下读书笔记或心得体会。

　　如果你有梦想，就多花点时间，花点心思读书吧。书可以陶冶人的情操，启迪人的智慧，书是成就梦想的阶梯。读书可以让人睿智，读书使人灵秀。只要你坚持读书，就一定能改变命运。

　　为什么会有一些人，他们学历很高，可多年后却依然感觉自己停留在原地，没有进步。这多是因为他们总满足自己的现状，殊不知，学海无涯，学无止境，知识总是随着时代的发展而发生着日新月异的变化，所以，一个人要想圆自己的梦想，一定要坚持学习，要活到老学到老，多读书，博采众长，增长智慧。

挑战梦想,从改变自己的弱点开始

人无完人,每个人都有自己的优缺点,面对自己的优点,人们常常引以为荣,甚至当作炫耀的资本。面对缺点,很多人常常难以接受,或不敢直面。每每有人提及自己的缺点,就有向伤口上撒盐的痛感,甚至由此与人反目成仇。

其实,缺点就是弱点,你不接受它,不敢直面它,不等于它并不存在。

有一个女友,结婚前身材高挑,窈窕动人,绝对属于骨感美,高回头率的美女。可自从她当了妈妈,身材便慢慢横向发展,最终,体重严重超重,再加上她姓马,于是,有闺蜜就送她绰号"大河马"。

慢慢地,在朋友小聚时,闺蜜们便都习惯这样称呼她。

闺蜜们倒是习惯了,可朋友并不习惯,每当闺蜜如此称呼她时,她就特别郁闷,然后抗议说:"你们这些没良心的,还是不是我姐妹?怎么都这么没有同情心呢?怎么能拿别人的弱点开涮呢?怎么哪壶不开提哪壶呢!"

闺蜜们则回应说"哦,你现在知道这是缺点了?为什么不早点采取行动呢?赶快狠心减肥吧,等你减成二八妙龄少女的身材,我们自然就会闭嘴,只剩美慕嫉妒恨的份了……"

或许,我们习惯了忽略自己的缺点,但他人不会忽略,不会视若无睹。与其等别人发现自己的缺点,看别人拿自己的缺点当谈资生气,不如及早接受并改变自己的缺点。与其一味地要求他人改变,倒不如更多地反躬自问,先改变一下自己。

在生活中,每个人都难免有自己的委屈和不平感,但与其抱怨,不如做一些改变。

毛毛虫经过了千辛万苦的蜕变,就变成最美丽的蝴蝶。老鹰经过生不如死的蜕变,改变了老化的翅膀,重新有了飞上天空的能力。改变自己,是对自己的再认识和再创造。改变自己,能让自己在追逐梦想的道路上更上一层楼。

或许,你没能力改变他人,没能力改变环境,但你可以改变自己;你改变不了事实,但你可以改变自己的缺点或弱点。

俄国有一句谚语:"想打扫全世界,就从打扫你家的门前台阶开始。"要改变别人,先从改变自己开始。

司马光小时候,是个十分淘气贪玩的孩子,而且特别爱睡觉。为此,他在读书时,总受到先生的指责与处罚,一起上学的小伙伴,也爱嘲笑他贪睡。

第七章 厚积薄发，才能绣出梦想的锦绣图案

别看司马光年纪小，可十分有志气，当他意识到了自己贪睡的坏毛病时，就决心改变自己，养成早早起床的习惯。

为了让自己早起床，他想了一个好办法，就是在睡觉前多喝水，想方便的时候，就可以起床了。

可有一次，他在睡觉前喝了很多水，结果半夜里尿了床，这怎么办？聪明的司马光灵光一闪，又有了一个好办法：用圆木头做了一个警枕，早上一翻身，头滑落在床板上，自然就会惊醒了。

这个办法比较管用，能让他天天早起读书，时间一长，他慢慢养成了早起读书的好习惯。后来，他写出了《资治通鉴》，流传千古。

与其改变别人，不如改变自己。想让自己的梦想变成现实，就要学会发现并改变自身的缺点。

很多出租车司机有一个苦恼，就是很多客人在乘车时，不太注意卫生，不爱护设施。其实，如果能自己做一些改变，或许乘客就会讲究卫生，爱护环境了。

有一次，搭一辆出租车去机场。坐进车里后，发现这辆出租车很别致，车上不仅有鲜花，车内还放了擦鞋的鞋油，鞋布，擦手的湿巾，放杂物的小筐。司机本人更是一身西装，打着领带，看上去非常整洁。

"哇，坐在这车上，真是让人舒服！您怎么将车弄得这么别具特色？"

司机说，他以前是扫马路的清洁工，他每天都将自己负责的区域

打扫得很干净，而另外一区域的年轻人总是马马虎虎扫一下，结果他发现，很多人从他负责的区域经过时，很少乱扔东西，而从年轻人负责的区域经过时，总喜欢乱扔东西，比如，扔烟头以及用过的纸巾。

后来，当年轻人抱怨时，他就告诉年轻人以后要认真扫地。年轻人听了他的话，半信半疑，但还是照着做了。结果发现，真的很少有人乱扔东西了。

有了以上的经验，当他转行做了出租车司机后，就把自己的车打扮得漂漂亮亮。结果，每次客人乘他的出租车时，都十分爱护车内的环境。

行到水穷处，坐看云起时。每个人都有自己的短板，与其整天长叹，不如做一些改变。改变自己的缺点，就能提升自我的能力，实现自己的梦想。

每个人都想实现梦想，然而，每个人的能力都是有限的，如果你想不断提升自己的能力，那么，就从今天开始，改变自己的缺点与弱点吧。

将一件事做到极致，也叫成功

人生短暂，要做的事情似乎却有很多，想做的事情似乎更多，想要实现的梦想也有很多。在有限的时间内，我们不可能将每一件事都做好，将每一个梦想都变为现实。有时，只做好一件事，也算是成功。

提起"猴子掰棒子"的寓言，相信很多人都不会陌生。

有一只猴子，非常喜欢吃玉米棒子。

一天，它在地里掰玉米棒子，发现玉米棒子有很多，就忙个不停。掰下一个玉米棒子后，总是觉得前面会有更好的，因为想要得到更好的玉米棒子，就把刚掰下的玉米棒子扔了。

它掰一个扔一个，总认为"更好的"还在后面，结果，等到天黑了，应该回家的时候，只能随随便便地掰一个了事。

回到家后才发现，这个玉米棒子是个烂掉的。

猴子掰玉米，见一个掰一个，掰一个，扔一个。结果，最终，收获的是最烂的玉米棒子。有时，总追求想象中最好的棒子，不如只掰一个棒子。有时，总追求想象中的完美，不如把握住我们能把握的，做好能做的事情，将某一件事做完美，做得出色。

如果一个人要实现梦想，自身能力有限，就不要给自己设太多的梦想和目标。有时，只全力向一个目标进发，为一个目标努力，就更容易把它做得出色。

冼星海一直有个音乐梦想。为了实现梦想，冼星海24岁时曾去巴黎求学。

为了能在巴黎生存下去，冼星海做过各种各样的苦工，曾经在餐馆跑堂，在理发店做杂役，当看守电话的佣人以及做被人看不起的听差。

有一段时间，他白天打工，晚上回到住处就去进行音乐创作。由于饭店的工作累，再加上晚上休息不好，一天，冼星海终于支撑不住了。一天，当他端着撤掉的盘子下楼梯的时候，一个不小心，从楼梯上摔了下来。

老板娘很生气，开始对他爆粗口，用最难听的话骂他……

尽管生活得很苦，尽管在追梦的路上总是遇到挫折，可冼星海还是坚持为梦想打拼。

在巴黎学习期间，冼星海曾住在一间七层楼上的破旧房间里，一到冬天，寒风直入，他没有棉被，冻得受不了，就索性点灯创作。在此期间，他创作出了多部优秀的音乐作品，也为后来的创作打下了良

第七章 厚积薄发，才能绣出梦想的锦绣图案

好的基础。

成功属于那些敢于为梦想拼尽全力的人。后来，冼星海经过努力，终成一代音乐大师。

无论做什么事，只要拼尽全力，做到极致，就会成为行业的佼佼者。只要你拼尽全力，一直努力做一件事并做到极致，就足矣了。

一提起汽车，很多人会不由自主地想起汽车大王福特。福特这一辈子，似乎只做了一件事，就是为造汽车的梦想而努力。

12岁的时候，福特就想制作一种可以代替牲口和人力，能够在路上行走的机器。此时，他的父亲要他去农场干活，可福特希望自己可以成为一名出色的机械师。之后，他用一年的时间完成了别人要三年时间才能完成的机械训练，随后，又用两年的时间去研究蒸汽原理。

接下来，福特开始研究汽油机，此时，他的梦想特别清晰——每天都梦想着制造出一部汽车。

幸运的是，大发明家爱迪生非常赏识他的创意与梦想，并邀请他到底特律担任工程师。

从此，福特踏上了梦想的征程，以后不管遇到什么困难，他都没有放弃过努力。

当福特29岁时，他成功地制造出第一部汽车引擎。

人生苦短，一个人不可能，也没有那么多的时间与精力，去顾及

太多的目标与梦想。所以，请记住，即使你给自己制订了很多目标，也要先集中精力实现一个目标，然后再向下一个目标努力。有时，一个人，一辈子若能把一件事做得极其出色，那也是最大的收获。

入不同的圈子，整合不同的资源

每个人都身处在一些圈子中，如闺蜜圈、同事圈等。在圈子中，一个人与圈中人的亲疏关系可能会有所不同，但不同的圈子都会对人的思维和行为或多或少地产生影响，甚至影响一个人事业的发展。

圈子是什么？圈子即人脉，而人脉就是成就梦想不可或缺的资本。

世间本来没有路，走的人多了，就成了路；世上本来也没有圈子，兴趣爱好、脾气相投的人相聚得多了，就形成了各种各样的圈子。

圈子大小并不重要，重要的是，你在什么样的圈子里，你的身上被打上了什么标签。

时下，有流行语云："你要想有什么层次的成就，得看你混在什么样的圈子里。"换句话说，选择一个圈子，其实就是选择一种人脉。

有人说，圈子就是"关系网"。或许，你与圈子里的人原本素不相识，但只要加入同一个圈子，就会慢慢地由陌路变成熟人，在圈子里混久了，彼此有了交情，就成了"自己人"，此时，一个好汉三人帮，再办起事来自然就顺利多了。

圈子是无形的，也是有形的；是没价值的，也是价值连城的。圈子，说白了就是"关系网"。一个人不能没有自己的圈子，因为衡量一个人能力的大小，重要指标之一就是看他生活半径的大小，也就是圈子的大小。

圈子还意味着机会。一位跨国公司老总曾经说："发现人才的渠道比较多，企业普遍的途径是通过在报纸、网上登广告，还有找猎头人士。但最好的方法是，通过一些朋友，或者通过一些协会，找情况比较了解的人。当然，也可以通过社会交流，在各种场合注意观察，看一下某一个所谓的人才有没有可以利用、合作的价值。"

现在，很多人热衷于读EMBA。其实，与掌握的知识相比，这些人更看重EMBA圈子所带来的人脉与圈子。笔者的一位在读EMBA的企业家朋友曾经说："读EMBA的同学，每一个都有不同的资源，不同的圈子，大家在一起可以做一些资源整合与利用。"

卡耐基曾经说：一个人的成功，有85%取决于人脉建构与经营的状况。每个人都生活在盘根错节的人脉网络中，要想让生活充满乐趣、事业一马平川，谁都离不开他人的帮助与扶持。所以，人一定要有自己的圈子，而且圈子越大越好。

我有一个朋友，是一家美术杂志社的记者，是画家经纪人，诗人，又是某电视栏目的嘉宾主持，也是一个有着很多生活圈子的人。

她说："不管你来自哪个地方，不管你有着怎样的生活追求，只要你愿意，你就能找到自己的圈子，能加入不同的圈子，整合各方面的资源!"

朋友在不同的行业之间游走,身兼多职,这样的身份有利于对资源进行有效的整合和利用。

朋友在美术杂志社当记者,要采访很多的画家,参加各种各样的画展与活动。那些画家会介绍她认识自己的朋友,比如作家和大学教授等等,慢慢地,她就加入到那个圈子。朋友在参加各种各样的画展与活动时,会认识一些收藏家、企业家,慢慢地她又加入了这个圈子。同时,她有自己的朋友圈、同学圈,比如,有的大学同学是做营销的,有的做企业管理,有的做会展……当企业需要办会展时,她可以为需要方牵线搭桥。有这么多的圈子,她做事也相对容易一些,比如,她出个人传记时的赞助企业,就是她参加画展活动时认识的企业家,而这些企业家也通过她的关系,认识了一些名画家、书法家,收藏了一些名家字画。

圈子的力量是强大的。所以,别小看了圈子,它是个人资源与社会资源进行交换、整合、匹配的一种给力魔方。

史玉柱的交际圈主要在两个俱乐部,一个是泰山会,另一个是金鼎俱乐部。在老巨人垮了之后,泰山会的一些朋友成了空降兵,很多人都想着怎样帮助他。可见,良好的圈子就是一个人梦想路上的救生圈,在关键时刻绝对给力,绝对不会掉链子。

对于有梦想的人来说,圈子既可雪中送炭,又可锦上添花。有梦想的人,一定要不断拓展自己的圈子,要有上好的圈子,善于借用圈子、整合人脉,这样就等于为梦想架构了很多桥梁,有了这些桥梁,就能比别人少走一些路，在困境之中时能得到最大的帮助。

有时，圈子不仅意味着力量、机会，还意味着合作的希望。但不管自己所处什么样的圈子，首先一定要行得正，坐得端，要有良好的形象，要讲诚信，守信用。

圈子也是需要用心维护的。不论在哪一个圈子中，凡有活动，能参加的要尽量参加，要让自己在圈子中露脸，若长期在圈子中潜水、隐形，只能让人慢慢淡忘。

在圈子中，越活跃的人，越容易让人记住，越容易积累人气。而当你的人气在圈子积累到一定程度的时候，就会产生巨大的能量，快速变成一种口碑，别人就会自发地关注你的一举一动。而当他人的关注成为一种习惯时，你就能慢慢地成为圈内的名人了。此时，你举手投足，都会有一定的分量。

"好汉双拳难敌四手。"通往梦想的路上，总有风起云涌，险象环生的时候，与其到时孤军奋战，不如平时多搭建自己的圈子，多用心维护自己所处的各种圈子，有机会，要将各种社会资源进行交换、整合、匹配，那样，在梦想的路上，我们做起事情，就能借力腾飞，轻松地飞入云端，就能事半功倍。

发上等愿，向高处立，依计而行

陕西三原城隍庙大殿有明清时期所撰对联："发上等愿，结中等缘，享下等福；向高处立，就平处坐、从宽处行！"

任何人要想过上理想中的生活，就要"发上等愿"，"向高处立"，就要胸怀远大抱负、看问题要高瞻远瞩，然后，一步步地奋斗，直到最后的成功。

1999年，阿里巴巴刚开始创业，并没有多少创业资金。

尽管如此，马云却非常有远见，给自己的团队树立的目标也非常远大，他信心十足地说："我们要建成世界上最大的电子商务公司，要进入全球网站排名前十位。"

那一年，中国的互联网行业竞争非常激烈，基本上是处于白热化状态，国外的风险投资商疯狂地投钱，网络公司也是疯狂地烧钱。

这一年，阿里巴巴的处境非常艰难，公司的开支也是精打细算，一分钱恨不得掰成两半来用。

虽然如此，可由于大家有远大的目标与梦想，所以，就能艰苦奋斗，为梦想打拼。

最终，马云率领他的团队，一步步走出困境，并创造了中国互联网史上最大的奇迹。

王安石在《登飞来峰》一诗说中，不畏浮云遮望眼，自缘身在最高层。

人，要想卓尔不凡，就要树立远大的目标，这等于是在自己的生命银行里，预开了许多幸福的账户。唯有努力把梦想实现的人，才能将这些账户中储满幸福的基金。

哈佛的人生理念认为：一个人的目标越高远，那么他的成就就会越大。远大的、美好的人生目标，能吸引人努力为实现它而奋斗不止。

从某种程度上说，没有实现不了的梦，只有不敢做的梦，要想过上理想中的生活，就先要给自己立一个远大的梦想与目标，然后，制订可行的计划，再用心努力去实现。

在很多年前，哈佛的一个行为问题调查组曾经向100名学生做过关于梦想的抽样调查，即："10年以后，你希望自己在哪里，做什么工作？"

很多学生都说出了自己的梦想，可只有10个学生，不仅写下了梦想，而且还写下了实现梦想的详细计划与步骤，比如，在哪一年，取得什么样的成就等。

10年之后，调查人员发现，写过详细目标和计划的那10名学生，所拥有的财产竟占那100名学生总财产的96%。

很多人都有远大的梦想,也曾经努力为梦想奋斗,可他们不懂得,梦想与目标、计划是相辅相成的,目标和计划是变梦想为现实的金钥匙。没有远大的梦想与目标,所谓的计划就没有明确的方向;没有计划,没有行动的方案,再远大的梦想也只能是一句空谈。

凡成功者,在通往梦想的路上,总是能把要做的事情都纳入自己的每周计划或每天的计划当中。然后,经常查看自己所做的计划,从而付诸行动。

艾萨克中学毕业的时候,他的父亲就发现他有特殊的商业头脑,比如,个性机敏果敢,敢于创新。但他也有自己的短板,就是缺乏社会阅历,尤其是缺乏知识。

为了弥补他的不足,父亲与他一起制订了一个"商界精英"的学习计划。这个计划分四步进行。

基础不牢,地动山摇。"商界精英"学习计划的第一阶段,是攻读理工科学士。在此期间,艾萨克通过在哈佛大学攻读机械制造专业,不仅掌握了做商贸所必备的专业知识,还养成了脚踏实地的工作习惯。

"商界精英"学习计划的第二阶段是攻读经济学硕士。通过在哈佛大学为期3年经济学硕士的学习,艾萨克不仅掌握了经济学的基础知识,还掌握了与之相关的经济法以及一些管理知识。

离开哈佛后,"商界精英"学习计划就进入第三阶段。此时,艾萨克没去直接经商,而是先积累社会经验。在此期间,他先是做了5

年政府的公务员。在这5年的时间里,艾萨克不仅深谙世故,懂得如何处世,而且广交朋友,建立起一套关系网络。

在有了丰富的知识和自己的关系网后,他进入了计划的第四阶段:掌握商情,熟悉业务。艾萨克辞去公务员的工作,应聘到了一家国际性的大公司。他在这家公司待了两年。在这两年里,他既掌握了丰富的商情,又有了商务往来的技巧。之后,他开办了一家商贸公司,开始了自己的经商生涯。

由于前期积累了丰富的专业知识与经验,有了自己的关系网,很快,他的公司业务就有了较大的起色。

你想要什么样的生活,就要站在什么样的起点。不过,凡事厚积薄发,要想实现自己远大的梦想,就要有条不紊地去努力,就要有详细的计划与执行方案,就要一步步地落实,将每一个计划都执行到位,将每一个环节都落到实处。只有这样,梦想的大树才能枝繁叶茂,常青不枯。

第八章

心有多大，梦就有多美

人的梦想是否能实现，往往系于一念之差，这一念即是心态。心态是指人的心理状态。心态有消极与积极之分。所谓积极的心态，是指一个人的心理状态是乐观的、积极的、向上的。积极的心态像阳光，照到哪里哪里就会温暖。一个人如果心态积极，就会有上进心，宽容心，就会对自己有信心。大凡成功者都有这种积极的心态，都能乐观处世，在任何情况下，都相信自己是最好的。所以，有梦想的人，一定要有积极的心态，要胸襟宽广，能容天下不能容之事，能忍天下不能忍之人。

积极的心态,是梦想的阳光

心态是指人的心理状态。每一事物都有正反之分,心态也是如此,心态有消极与积极的区别。所谓积极的心态,是指一个人的心理状态是乐观的,积极的,向上的。

或许,你最大的愿望是希望自己的梦想落地开花,希望自己的生活像花儿一样美好,可为什么你与梦想的生活差之万里呢?

有人说,决定一个梦想是否成功的,是一个人的内在因素,也就是他的态度、信念和思维方式等。

心态不同,所看到的角度也不同。同样的事情,如果用积极的心态审视它,就会从中看到希望与美好;反之,如果一个人用消极的心态审视它,就会感觉失望,甚至是沮丧。

有一个年轻人来到一片绿洲,与一位老人不期而遇。年轻人问老人:"这里的风景美丽吗?"

老人反问说:"你的故乡怎么样?"

年轻人说:"我的故乡风景很差,环境很差!我一点都不喜欢。"

听年轻人这样说,老人就对年轻人说:"那你不要待在这里了,这里的环境与你的家乡一样差。"

没过多长时间,又有一位年轻人来这里,这个年轻人问老人相同的话题。

老人依然先问年轻人"你的故乡怎么样",年轻人回答说:"我的家乡很好,青山绿水,鸟语花香,我很想念家乡……"

听完年轻人的话,老人开心地对他说:"这里也同样美!"

老人身边的人闻听此言,有些不解,就问老人为何前后说法不一致,老人说:"你想要发现什么,你就会收获什么。"

当你以积极的心态去看一件事时,你会看到许多美好的东西,而当你用消极的态度看待同样的一件事时,就会看到很多的不美好的东西。

也就是说,你怎么看世界,世界就会怎么对你。你积极地看世界,世界也会回报给你明媚的阳光与鲜花;你消极地看世界,世界必然给你阴云与雾霾。

卡耐基说:"如果我们有着快乐的思想,我们就会快乐。如果我们有着凄惨的思想,我们就会凄惨。如果我们有害怕的思想,我们就会害怕。如果我们有不健康的思想,我们就会生病。"

在生活中,很多人想不开,看不开,一遇事,就先想不好的一面。其实,遇到再难的事情,也应该往好处想,这样,才能云开雾散。所以,在发现自己总往坏处想,总想坏事情时,一定要让自己的坏心态刹车,然后,调转方向,凡事往好处想,多想积极阳光的一面，你就会发现，自己的处境实际上并没有那么差。

从前，有一个皇帝，一天，他梦见山倒了，水枯了，花也谢了。醒来后，就叫王后给他解梦。

王后说："这梦非常不好。山倒了，意味着山河要倒塌了；君是船，民是水，水枯了，意味着民众离心，船也不能行了；花谢了，意味着好日子不长了。"国王听了，吓得不知所措，从此以后一病不起。

不久，一位大臣有事要参见国王，见了国王后，国王对他说了自己的顾虑，哪知大臣一听，大笑说："这梦非常好。山倒了，意味着自此天下升平；水枯了意味着真龙天子要出世了，国王，你就是真龙天子；花谢了，意味着要收获果实呀！"国王听了大臣的话，特别开心，没多长时间，病就好了。

有什么样的心态，就可能产生什么样的结果。有梦想的人，要选择积极的心态。

在追梦的路上，我们既需要用乐观的态度面对困难，挑战困境，也要有勇气，要敢于承担梦想途中所遇到的风险，更要相信自己有能力、有潜力实现梦想，要有决心永不停歇地追求我们的梦想。

积极的心态是梦想的阳光和雨露，是可以带着梦想高飞的雄鹰；消极的心态是失败的源泉，是梦想的天敌与克星，如果你要梦想成真，就要选择积极的心态。

1942年，在经历了一次挫败之后，艾森豪威尔对手下的高级将领说："没有乐观精神，胜利只是昙花一现。"有梦想的人，要选择积极的心态,越是处于不利的处境,越要乐观地面对。

有一个23岁的小伙子,与同伴们一起离开家乡,去东京闯荡。

到了东京后,他们惊讶地发现,连在水龙头上接凉水喝都要付钱。

见到这种情形,他的同伴们非常失望地感叹道::"天哪!这个鬼地方连喝冷水都要钱,简直没办法待下去了。"

可这个小伙子的想法却不同,他想:这地方连冷水都能够卖钱赚钱,一定是挣钱的好地方。于是他决定留下来。

不久,同伴们都纷纷回老家了,而小伙子则开始创业了。后来,他成为日本著名的水泥大王,他的名字叫浅田一郎。

面对同样的情况,他与常人的看法和做法却大不相同,他用积极的心态看到了隐藏的商机,并因此改变了命运。所以说,一个有梦想的人,一定要用积极的心态去生活,勇敢地迎接梦想的挑战。

没有人会永远不开心,也没有人会永远开心。人生不如意的事十有八九,追梦的路上,更是充满千辛万苦,千难万险,在关键时刻,要能驾驭,调整自己的心态。如果发现自己的心态比较消极,就要用积极的心理暗示替代消极的心理暗示,千万不要总是想着没希望了,而要想难关一定能渡过去,困境一定能走出去。

"莫道桑榆晚,为霞尚满天。"无论是谁,只要有实现梦想的愿望,都要有积极的心态,用正确的思维方式看待梦想,在追求梦想的过程中,如果来到险境处,就要用坚定的信念坚持不懈的努力,来为梦想默默守候。

梦想，垂青于乐观的人

　　每个人在实现梦想的过程中，都可能遇到挫折与困难。当与挫折、困难撞个满怀时，乐观的人，会坚强面对，会相信自己一定能走出困境；悲观的人，则会被撞得人仰马翻，有到了世界末日的感觉，甚至从此以后选择对梦想放手，成为挫折与困难面前的懦夫。

　　乐观的人像早晨的太阳，总是那样生机勃勃，熠熠生辉，给人温暖与希望。乐观是什么？乐观是一个人心胸豁达的表现，是一个人战胜挫折的法宝。

　　英国作家萨克雷有句名言："生活是一面镜子，你对它笑，它就对你笑；你对它哭，它也对你哭。"所以，每当在梦想的路上遇到困难与挫折，一定要保持乐观的心态。

　　有一位老人，在他72岁时，他苦心经营了一辈子的公司破产了。对任何人来说，这都算是毁灭性的打击。很多人都认为这个老人要么从此穷困潦倒，要么会想不开，选择以死亡来了结终生。

但没过几天,人们就发现想错了。这位老人依然神采奕奕地为梦想奔波着,他在考虑如何与他人携手合作,开办一家网络咨询公司。

新公司又成立了,老人整天面带微笑,努力经营着。虽然一把年纪了,可只要遇到不懂的地方,他就会向其他人虚心地学习、请教。

老人有着丰富的管理与经营经验,再加上十分努力,没过多长时间,就把新公司经营得风生水起。

当有人问老人东山再起时的秘诀时,老人没说什么,只是快乐地大笑起来。问的人不解,又问原因,老人又快乐地大笑起来,只说了短短一句"其实,我已给出答案!"

此时,这个人才恍然大悟——乐观的心态是老人东山再起的法宝。

这个老人不是别人,正是日本最大的零售集团的总裁——和田一夫。

天下没有翻不过去的山,没有过不去的坎。在遇到困难与挫折时,关键在于你以什么样的心态去看待、去理解。

凡事都有两面性,同样的一件事,从不同的角度,所看到的东西是不同的。如果你家中被盗,你会有什么样的反应?生气、害怕,还是担心?还是会感觉庆幸?

美国第32任总统富兰克林·罗斯福家中曾被盗,丢失了很多财物,可以说是损失惨重。

有朋友听说此事后,害怕他伤心,就写信安慰他。让朋友欣慰的是,罗斯福很快回信了,而且感觉心情还不错,他说:"亲爱的朋友,谢谢你的安慰,我现在一切都好,也依然幸福。感谢上帝,因为:第一,贼偷去的是我的东西,而没有伤害我的生命;第二,贼只偷去我部分东西,而不是全部;第三,最值得庆幸的是,做贼的是他,而不是我。"

柏拉图说:"决定一个人心情的,不在于环境,而在于心境。"在很多人看来应该难过的时候,富兰克林·罗斯福却表现得很乐观,他能积极地对待被盗这件事,能站在阳光中,迎着阳光向前看。他看到的是自己最珍贵的生命与人格还在,于是,他满眼光明,身心温暖。如果他是从"失去很多"这个角度去看,怕是只能俯视阴影,满目黯然,暗自伤神了。

比大海更广阔的是天空,比天空更广阔的是人的胸怀。遇到困难与挫折时,心宽一些,想开一些,看淡一些,看开一些,就能开心快乐。

古希腊大哲学家苏格拉底在没结婚前,曾与几个朋友一起住在一间只有七八平方米的小房子里。尽管大家挤在一起有些不便,可他总是乐呵呵的。

有人问他:"那么多人挤在一起,转个身都能撞着人,有什么可乐的?"

苏格拉底说:"朋友们在一起,随时都可以聊天,谈心,这难道不值得开心吗?"

后来,那些单身的朋友们一个个都成家了,先后搬了出去,屋里只剩下苏格拉底一个人，但是他每天仍然很开心。当有人问他有什么值得开心的事情时，他说："我有很多书啊！一本书就是一个老师。与这么多老师在一起，随时都可以向它们请教，这怎么能不开心呢？"

几年后，苏格拉底也结婚了，他一家搬进一栋大楼里的底层居住。虽然楼上的人总是不自觉地向一层乱扔东西，可苏格拉底依然很开心。有人十分不解地问："你住这样的房子，也能开心得起来吗？"

苏格拉底说："一楼多好啊，进门就是家，不用爬很高的楼梯，还能在空地上养养花，种种菜……"

同样的环境，同样的问题，看法不同，心境不同，心情也不同。所以，在通往梦想的路上，无论遇到什么不顺心的事情，都要用积极的眼光去看待，从不同的角度去看待，这样，我们的心里就能充满阳光，心情自然会变得快乐。

天有不测风云，当与困难和挫折不期而遇时，不要悲观，要对梦想充满热情与信心。实在感觉没希望和痛苦时，就换一个角度去考虑，或许，你就会有新的希望与收获，就会欣赏到不同的风景。

气量有多大,梦想有多远

天空的鸟儿总想飞得更高,而决定它能飞多高的,是它的翅膀;有梦想的人,总想走得更远,而决定他是否能走更远的,主要在于他是否有大气度。

气量就是大度,就是能听进他人的不同意见,能容得他人给自己的伤害与委屈。凡气量大的人,都有着宽广的胸襟。

大气度是一种修养,一种底蕴,一种境界。

在悉尼奥运会上,女子重剑个人冠军比赛正进行得如火如荼,突然,弗莱塞尔的比赛装置出现了问题。这一场比赛中,她的对手是匈牙利老将纳吉。

见弗莱塞尔的比赛装置有问题,纳吉便主动走上前去帮她忙,比赛装置没问题了,双方才进入比赛。纳吉的这一举动赢得了全场雷鸣般的掌声。

最终,这场比赛纳吉以15∶10击败了弗莱塞尔,成功卫冕。但在这场比赛中，她不仅拿到了奖牌，更因大气度，赢得了对手和所有观众的尊重。

谁都想实现梦想，谁都想在通往梦想的路上一马当先，一路过关斩将向前冲，但在为梦想打拼时，不可能总是那么顺利，有时会跑在前面，有时要落在后面，有时会赢，有时会输。无论面对什么样的结局，也无论做什么事，都要有大气度与宽阔的胸襟，行事要有大将风范，这也是成功者必备的优秀品质。

气度，决定了一个人的高度，决定了一个人在梦想的路上能走多远。一个有大气度的人，处世时，不拘小节，从来不会在小事上与人斤斤计较；反之，一个气度小的人，凡事都爱钻牛角尖儿，遇点小事就想不开。

齐桓公不记"一箭之仇"，把国事委托给曾是仇敌的管仲，在管仲的改革和治理之下，齐国成了春秋时期的超级大国。"玄武门之变"前，魏征曾多次劝太子李建成除掉李世民，可李世民做了皇帝后，竟然不计前嫌地重用魏征。之后，魏征多次上谏，李世民基本都采纳，最终开创了"贞观之治"的大唐盛世。

从某种角度说，气量有多大，视野就有多大。气度小的人，他看到的世界是狭隘的，是封闭的。气度大的人，站得高，看得远，看到的世界是宽广的，是可以"我欲乘风自由翱翔的"，这样的人，必定能在广阔的天地间大有作为，领略无限的风光。

某大型国企人事部的经理退休了，集团领导想要找一位德才兼备的人来做人事部经理。可领导亲自面试的几个人，都不太理想。

这天，一个30多岁的留美博士前来应征，领导通知他第二天凌晨3点钟去办公室面试。第二天，这位年轻人准备来到领导办公室，可按了多次门铃，也没见人来开门，一直到9点钟，领导才开门让他进去面试。

面试开始了，领导问他："你的数学学得怎么样？"

年轻人回答说："还可以。"

领导拿出一张白纸说："5减5等于多少？请你写下来。"

年轻人写完答案，然后问领导："您还有其他的问题吗？"

领导回答："没有了，你回家等消息吧！"

年轻人觉得很奇怪，这是在考试？

又过了一天，年轻人接到这家企业人事部的电话，让他下周一去上班。

后来，年轻人成了这家企业某部门的负责人。有一次，与企业领导一起开会时，他又问领导为什么当初给自己出那么容易的考题。

领导说，你是海归，学问方面是可以放心的，但我要考你的气度，面对不平的事情时，你能否淡定以对。你过关了，因为我让你牺牲睡眠时间，凌晨3点钟来参加面试，你做到了；那么你是否有耐力呢？让你空等了5个小时，你也做到了。所以，我选择了你。

有人说，看别人不顺眼，是自己修养不够。看自己不顺眼，那是庸人自扰。所以，一定要有气度，要在关键时刻控制自己的情绪。遇到不公平的事情，也不要总感觉委屈，要学着看淡，不强求。

第八章 心有多大，梦就有多美

在追梦的路上，只有胸怀宽广，目光远大，才能不被琐碎的小事所困扰，才能一心一意地为梦想而努力。而小肚鸡肠的人，是成不了大事的。

在三国时，周瑜可谓是一个才华横溢，能力非凡的人物，可由于嫉贤妒能，最终被活活气死。

周瑜用"假途灭虢"之计，想谋取荆州，被孔明一眼识破，他设计用四路兵马围攻周瑜，并写信规劝他，最后，周瑜仰天长叹："既生瑜，何生亮！"连叫数声而亡。

古人说："海到尽头天做涯，山登绝顶我为峰。"一个有梦想的人，在追逐梦想的路上，也不要忘了给自己"养气"。

"多读书养才气，慎言行养清气，重情谊养人气，能忍辱养大气，温处世养和气，讲责任养贤气，系苍生养底气，淡名利养正气，不媚俗养骨气，敢作为养浩气。"一个人的心里能容多少事，他就能收获多少财富。一个人有多大的气量，他就能在梦想的路上走多远。所以，当你为实现梦想而打拼时，就要能容他人不能容之事，能忍他人不能忍之事，凡事想开看开，一心向前看，你就会看到他人看不到的风景，成就他人无法成就的瑰丽梦想。

有梦想的人，永不抱怨

你是否有这样的经历，早晨上班，本来心情不错，可刚到办公室，就听见有同事在抱怨：自己起了个大早，又是洗衣服，又是做早餐，可家人不领情，嫌小米粥煮稀了，嫌主食只有馒头……于是，自己的好心情一下子烟消云散了。

所谓抱怨，就是凡事怨天尤人，凡事总觉得世间不公平，觉得天下人都对不起自己，这是一种消极的心态。

爱抱怨的人对自己的现状不满，总想着自己付出了，就必须获得相应的回报；总觉得别人应该对自己好一些，应该为自己多付出一些，应该多理解自己一些，一旦不能如愿，就会忿忿不平。

其实，不管你如何抱怨，抱怨之后，自己的处境依然一如既往，没有丝毫改善，反而因此伤了不该伤的人，错过了不该错过的机会与风景。

巴顿将军是二战时著名的将领，晚年时，他写了回忆录《我所知

道的二战》。在回忆录中,他讲了这样一个故事:

一天,他想提拔军官,于是,他把所有符合条件的候选人集结到一起,给他们布置了一个任务——在仓库后面挖一条8英尺长,3英尺宽,6英寸深的战壕。给大家布置好任务后,巴顿就走进仓库,站在窗户旁边观察军官们的言行举止。

不一会儿,他发现很多军官都开始抱怨,有人抱怨战壕太浅,当不了掩体;有人抱怨不应该让他们干普通士兵干的活。

不过,只有一个人没有抱怨,他对大家说:"我们只要挖好战壕就可以了,至于将军想用它做什么,就随他便吧。"

最后,巴顿提拔了那个不抱怨的人。在巴顿看来,只有不抱怨的人才能更好地完成任务。

奥地利小说家茨威格说过:"机会看见抱怨者就会远远避开。"喜欢抱怨的人在这个遵循强者法则的世界中,是没有立足之地的。

抱怨会限制人的思维与想法,让人的视野变得"近视",让注意力拘泥于抱怨本身,而不是努力地去适应环境的变化或者想办法解决问题。不抱怨的人,则能脚踏实地为梦想而努力,一点点向着目标前进,这样的人,多能抵达目标,实现梦想。

抱怨无济于事,所以,我们不要抱怨这个世界弱肉强食,不要抱怨自己没有好的出身,而要明白,如果不想让自己被他人踩在脚下,就要让自己足够强大。

马云曾说:永不抱怨的人生态度才是第一位的。如果你有梦想,就不要抱怨,如果习惯了抱怨,就要努力做改变。

知名华语作家张德芬说:"天下只有三种事:我的事,他的事,老天的事。抱怨自己的人,应该试着学习接纳自己;抱怨他人的人,应该试着把抱怨转成请求;抱怨老天的人,请试着用祈祷的方式来诉求你的愿望。这样一来,你的生活就会有想象不到的大转变,你的人生也会更加美好、圆满。"

成功者永不抱怨,做大事的人永不抱怨,与其抱怨,不如积极地面对。在追梦的路上,不管遇到多大的不公平,有多少委屈,都要淡定面对。

多年前,有一个叫大贺典雄的人来索尼公司工作。进入公司后,他经常因工作的事与公司的创始人盛田昭夫发生争执,但盛田昭夫依然很器重大贺典雄。

很多员工认为盛田昭夫会把大贺典雄放在管理者的工作岗位上,会给他一份体面的工作,可没想到的是,盛田昭夫却把他下放到生产一线,给一位普通工人当学徒。

很多人为大贺典雄感到不平,可大贺典雄却一点也不在意,一点怨言都没有,依然认真地做好自己分内的工作。

一年后,盛田昭夫将学徒工大贺典雄提拔为专业产品总经理。

这让很多人感到不解。在一次员工大会上,盛田昭夫向员工说明了自己重用大贺典雄的理由,他说:"产品经理必须清楚了解公司的产品,因此,到基层工作是非常有必要的。让我感到高兴的是,在此期间,大贺典雄面对又脏又累的工作没有任何怨言,反而将每项工作都完成得很出色。"

天空中的白云从不抱怨风雨太多,从而能舒展自如;春天的花儿从不抱怨季节的匆匆,只抓紧时间绽放,所以,才春暖而开,秋凉而谢。

如果一个人不抱怨,不气馁,不管做什么事情,都能踏踏实实,一心一意地做好,那么梦想终能实现。所以,有梦想的人,不要抱怨,也不要气馁,无论面对什么样的处境,都要淡定自如。

爱默生说:"一心朝自己目标前进的人,整个世界都会给他让路。"面对不利的环境和不如意事的最好态度,就是少抱怨,多行动,这才是应对困境的正确方法。与其浪费时间去抱怨,不如将时间用于思考如何改变目前的处境更为实际。

普希金在《假如生活欺骗了你》一诗中说:"假如生活,欺骗了你,不要悲伤,不要心急!忧郁的日子里,需要镇静;相信吧,快乐的日子,将会来临。"

有梦想的人,不要抱怨,只要努力了,你梦想的生活,终有一天,会来到你身边。

自信心,比黄金更重要

莎士比亚曾说:"自信是成功的第一步。"所谓自信,既是一种精神状态,也是一个人成功或实现梦想所必须具备的心理素质。心理学家形象地称之为成功的"发电机"。

一个人如果有信心,有自信,相信自己的能力,他的内心中就会有一种强大的力量,就会有对困难或挫折毫无畏惧的感觉。反之,如果一个人没有自信,凡事对自己有所怀疑,他内心就会有一种消极的力量,当遇到困难或挫折时,就会因夸大困难或挫折而退缩。

中外古今,大凡有自信的人,多是生活的强者,多能创造出丰功伟业。

拿破仑是一个十分自信的人,据说,只要是他率军作战,军队的战斗力就会增强一倍。

为什么会这样呢?

这是由于士兵们对他们的统帅有信心,所以,与其说是拿破仑提

第八章 心有多大，梦就有多美

高了军队的战斗力，不如说是他的自信心，让他领导的每个士兵都信心满满，从而增强了战斗力。

拿破仑不仅自身是一个十分自信的人，而且在关键时候，也能给他的士兵以自信。有一次，一个骑兵给拿破仑送信，在到达目的地之前，由于马跑得太快，一个不小心跌了一跤导致死掉。拿破仑接到信后，立刻写了回信，并让那个士兵骑自己的马将回信尽快送回。

那个士兵一听拿破仑让自己骑他的马，便对拿破仑说："不，将军，我这么一个小兵，实在不配骑这匹华美强壮的骏马。"

拿破仑严肃地回答道："世上没有一样东西是法兰西士兵所不配享有的。"

所谓自信，就是要相信自己，对自己有信心。正如马克思所说："伟人之所以看起来伟大，只是因为我们在跪着。站起来吧！对！站起来！别让怀疑和自卑把你的腿压弯，让自信在你的腿上注入向上的力量！"

自信是一种正能量，不但能激励自己，而且能感染和激励别人，更能创造奇迹，有利于我们实现梦想与目标。

男孩彼得从小双目失明。小的时候他还不明白失明意味着什么。长大后，才慢慢感受到失明所带给他的不幸。他看不到世界的模样，无论是树木还是小鸟，什么都看不到，这让他感到很失落。

一天，一个神父对他说："世界上的人都是被上帝咬过的苹果，因而都是有缺陷的。有的人的缺陷比较大，那是因为上帝太喜欢他了。"

"我真的是上帝咬过的苹果吗？"小男孩有些怀疑地问。

"是的，上帝没有抛弃你，上帝肯定不喜欢被他咬过的苹果在悲观自卑中度过一生。"神父肯定地回答说。

神父的话唤起了彼得的生活热情，使他重新找回了自信。后来，他通过努力，成为了一个技艺高超的盲人按摩师。

因为有了自信，一个对生活不抱希望的孩子，重新树立起生活和工作的信念，并做出了一番成就。

在这个世界上，没有比自信更强大的能量，没有比自信更能成为奋勇当先的动力，所以，追梦的人，一定要有自信，要相信自己有能力实现梦想。

邓肯可以说是NBA最好的前锋之一，然而，他也曾有不自信的时候。他在刚进入联赛前的几年，总是担心对付不了大鲨鱼奥尼尔这个强大的对手，因而在场上他总是想避开奥尼尔。

了解了邓肯的顾虑后，队长罗宾逊就找他聊天，告诉邓肯躲避不是好的选择，只有勇敢地面对，才能战胜困难和恐惧。

听了队长的话，邓肯决定尝试一下。再在比赛场上与奥尼尔相遇时，邓肯就勇敢地与奥尼尔拼抢，而不再躲避，这样一来，他发现自己是奥尼尔的克星了，于是，他有了自信。

后来，通过与奥尼尔进行一次次的较量，邓肯的球技也得到了提高，最后竟成了奥尼尔在内线的强大竞争对手，更主要的是，双方的水平都在比赛中得到了提升，实现了双赢。

在生活中,一些人在做事时,一遇挫折就半途而废,却从不想办法去走出困境,这是因为缺少自信心的缘故。如果一个人有自信,在做事时,就会相信自己战胜困难与挫折的能力,这样,在做事时他们就能全力以赴,直到实现目标。

黑夜里,发光的萤火虫不仅会照亮自己,也能赢得别人的欣赏。同理,一个人如果有自信,也会像发光的萤火虫一样,自己既能借光亮前行,又能赢得别人的欣赏。

"我深信,你们做得到的事情我也做得到;你们做不到的事情,我也一定可以做到!"

这是感动中国年度人物刘伟的一番自信宣言。

刘伟是一个普通的男孩子,与众不同的是,10岁时的他因一场可怕的事故而失去了双臂。可由于他有着强烈的自信心,他做了一些在他人看来是不可能的事,创造了一个又一个奇迹:

在康复中心的水疗池里,他第一次学会了游泳;在残疾人游泳锦标赛上,他夺得了两枚金牌;他以一分钟打出231个字母的速度打破了吉尼斯世界纪录,成为世界上用脚打字最快的人;23岁那年,他步入了维也纳金色大厅,用灵活的脚趾为大家演奏,成就了音乐史上的奇迹。

感动中国的评审委员会给了刘伟这样贴切而生动的评价:"当命运的绳索无情地缚住双臂,当别人的目光叹息生命的悲哀,他依然固执地为梦想插上翅膀,用双脚在琴键上写下:相信自己。"

古人云：天生我材必有用。正因为刘伟无条件地相信自己能行，能和任何一个四肢健全的人一样去享受生活，去追寻梦想，他才会有迎战困难的决心，才能弹奏出那一段段轻盈的旋律，才能创造一个个奇迹。

一位伟人这样说："无论你的内心所抱着的意念或信仰是什么，它都可能成为现实。"如果你想实现自己的梦想，那么就应该相信自己的能力。相信他人能做到的，自己也能做到。在任何一方面，自己都不会比别人差。

自信来源于对自己优势的认知，以及对自我价值的肯定。因而，在生活中，你要善于发现自己的优点和优势。或许，你唱歌不如你的朋友，但你却擅长绘画。或许你不擅长沟通，可却很体贴人，很会照顾他人。所以，只要你仔细观察，总会找到自己的优势所在。

自我暗示对人类的影响非同小可，每天早晨，你都要用积极的心理暗示来鼓励自己，要多默念"凡事我都能做，而且一定能做好"，多默念几次，多肯定自我，你的自信就会慢慢增长，每天也会过得充实和快乐。

梦想垂青于那些有自信的人，一个人若能不断增强自己的自信，就等于给自己注入了强大的正能量。一个人只要有自信，能战胜通向梦想途中的困难，就能专注于梦想，对那些想实现梦想的人来说，它比黄金更重要。如果你缺少这种能量，就要在日常生活中慢慢培养，并让它成为梦想与现实对接的最坚实的桥梁。

第九章

梦想没有直行车,且行且转弯

梦想是我们与自己最美的一次相遇与约会。但在奔向梦想的路上,不知有多少曲折和坎坷,需要我们用汗水去克服。路漫漫其修远兮,吾将上下而求索。一路有汗水与努力相伴,我们的人生才会从容无悔。

梦想如驾车,需时时变换挡位

人生有方向,生活才有动力。一个没有方向感的人,就像是一部没有方向盘的汽车。人生的方向在哪里?它在你的心中,你的梦想就是你前进的方向。

要想实现梦想,先要了解梦想的真谛,梦想不是一蹴而就的,是要一步一个脚印去实现的。

开车的人都知道,要根据不同的路况来驾驭车辆;同理,在追梦的路上,也要适时调整。一马平川的时候,可适当加速;拐弯处,则一定要减慢速度;有红灯的时候,一定要停下来,耐心等待。

一个车技一流的驾驶员,在驾车的过程中,要握好方向盘,摒弃一切杂念,把握好方向,要走得端,行得正。

在实现梦想的路上,有人总是不断地加速,在这个过程中,要不断地提醒自己,要小心行驶,否则,急于求成,只能让梦想半途而废。

第九章 梦想没有直行车，且行且转弯

曾经跟朋友驾车去杭州。一路前行，约走完一大半车程的时候，突然天降大雨。路上没有避雨的地方，大部分的车只好减速，慢慢前行，但也有一些车辆，依然开得很快。每当一边的车辆疾驶而过时，路上的积水总会溅起水花，挡住了挡风镜，导致视线一片迷茫。

此时，只能抓紧方向盘，放松油门，等雨刷将挡风镜刷清之后，看清了前面的路况，再慢慢前行。

最后的路程，虽然路湿路滑，但由于车开得很慢，总算安全抵达了目的地。此时，雨停初晴，扑入眼帘的，是心仪已久的美景。

一个人要实现梦想，就要善于驾驭梦想。不管在通往梦想的路上遇到什么样的坏天气，什么样的不良路况，只要小心翼翼，就一定能抵达目的地。

有谚语云，谨慎能捕千秋蝉，小心驶得万年船。一个猎人，行事如果小心一些，思维缜密一些，那么再灵敏狡猾的蝉，也能捕捉到；一个有事业心的人，如果能小心行事，低调不张狂，不粗枝大叶，即使驾驭一只陈旧的旧船，也能安全抵达想去的地方。

开车的人懂得谨慎行驶的道理。懂得如何去眼观六路，耳听八方，留意四周的情景，随时应对突如其来的变化。

有梦想的人，只要选择了方向，那么，在为梦想打拼时，就不能朝三暮四，心猿意马。一帆风顺的时候，要学会明察秋毫，审时度势，绝不能贸然行事，意气用事；出问题的时候，要先保持冷静，然后开动脑筋，及时克服各种困难。

很多人有梦想，而当为梦想打拼了一些时日时，却总是抱怨前方

的路越走越窄，看不到成功的希望，可又不适时调整，习惯在老路上继续走下去，这自然就会影响前行的速度。

行走于梦想的路上，要像开车一样，必要的时候，轻松变换挡位。当路行不通时，要换一个思路或方案。必要的时候，要选择拐一下弯，向后倒一下车，适当作出调整。

只有不断地调整速度与方向，审时度势地迂回前行，才能不断地向要抵达的目的地前进。

退一步，有时是进一步

"忍一时风平浪静，退一步海阔天空。"退一步，指以退让、隐忍的态度去处理事情。当面对冲突矛盾的事件时，采取退或让的方式，往往能在不经意间走出困境。

退一步，不仅是一种睿智，也是一种坚韧的毅力和顽强的意志。瞬间的忍耐，一时的装傻，一时的退让，有时，会让梦想之路变得无限广阔。

春秋时期，秦穆公在宛内养了一些战马。但没过几天，宛内就来了三百多个"流浪汉"。这些"流浪汉"都饿得受不了，就在晚上趁月黑风高之时，将那批战马偷偷地杀了，然后大快朵颐，吃了一餐饱饭。

地方官员赶紧将此事向秦王汇报，他原以为秦王会龙颜大怒，可出人意料的是，秦王说："他们这么做也是出于饥饿难耐啊！算了！大家都活得不容易。再给他们送一些酒去吧！"

"流浪汉"们吃了秦王的马后,原以为会被杀头,见秦王不但不杀他们,还让人给他们送酒,一时间,对秦王感激涕零,自然而然地有了要为秦王誓死效忠的想法。

秦王对他们说:"我不杀你们不是为了让你们誓死效忠我。你们去休息吧!"

此时,正值秦国与晋国交战之际,在龙门山之役中,秦王的战车陷在了污泥坑中,眼看就要被晋军俘虏。

千钧一发之时,从西面赶来了三百余勇士,个个都非常勇敢,他们手持大刀杀来,所到之处,晋军尸横遍野。等这些勇士救出了秦王,秦王才看清,他们正是抢了马吃的那三百多个"流浪汉"。

退一步,是一种宽广的胸怀,退一步,是一种智者的风范。在奔向梦想的途中,有时,如果能退一步,就能沐浴明媚的阳光,就能享受甘霖雨露,就能绝处逢生。

在很多人看来,要想实现梦想,必须要有坚强不屈、勇往直前的品质,事实上,也少不了适时退让的大智慧。不然,既难以实现梦想,又会撞得头破血流。

在亚马逊流域,有一种体态玲珑,非常美丽的小鸟。别看这种小鸟没有庞大的外形,可却天生胆大,没有它们不敢捕杀的猎物,只要看见猎物,就会一拥而上,刚才还生龙活虎的一只动物,一瞬间就变成了一堆悚人的白骨。

可惜的是,这种鸟大多霸气有余,聪明不足,甚至有些鸟简直是一根筋,不知道有时不能硬向前冲,不能只靠勇气生存或取胜的道理。

一天,附近的火山突然间爆发了。一时间,炙热的熔岩喷涌而出,按理说,在这样的危险时刻,鸟儿们应该以最快的速度去逃生。可一根筋的小鸟们,不懂得适时退让,只知道一往无前。鸟儿们一窝蜂地向着滚烫的岩浆扑过去,结果,很快就化为灰烬。

大部分鸟儿就这样壮烈地死去了,而血的教训让剩下的鸟儿开始恍然大悟:向前冲是很危险的。要想保命,只能远离火焰。

明白了这个道理后,剩下的鸟儿们就煽动着翅膀,尽量躲避火焰,才得以幸存下来。

困境中,固然需要勇敢地向前冲,但如果像鸟儿一样,向前冲是冲入了没有希望的绝境,那就选择向后退,或是向一边避让。

困境中,固然需要勇气,更需要生存下去的智慧,所以有时,退一步,不是"懦弱"的表现,而是一种能审时度势、会变通的大智慧。

为梦想打拼,只有学会退一步,学会迂回前进,才能翻越最险的山峰,渡过最湍急的河流,才能迎来山花烂漫的春天。

明朝正德年间,朱宸濠起兵反抗朝廷。朝廷派了王阳明率兵征伐。

经过一番奋战,王阳明率兵擒获了朱宸濠,胜利完成了征伐任务。

一见王阳明为朝廷立了大功,当时受正德皇帝宠信的江彬,心里很不高兴,特别担心王阳明取代自己在皇帝心中的重要位置,于是,他就四处散布流言:"王阳明和朱宸濠原本是同党,后来,听说朝廷派兵征伐，才抓住朱宸濠为自己开脱。"

听到这样的话，王阳明选择了退让，将擒获朱宸濠的功劳让给了江彬。

之后，他将朱宸濠交给张永，让江彬重新报告皇帝：擒获朱宸濠，是总督军门和士兵的功劳。

这样，江彬等人就不再四处散布流言。

后来，张永回到朝廷，见到了正德皇帝，讲述了事情的真相。听完了事情的来龙去脉，正德皇帝免除了对王阳明的处罚。

危急关头，王阳明选择了退一步，将功劳让给了他人，表面看是吃了亏，可实际上，这退一步，让他既顾全了大局，又给自己留了险中求生甚至发展的机会。所以说，有时退一步，就等于进了一步。

有个叫亨利的小男孩是一个很文静又怕羞的孩子，其他人常喜欢捉弄他。

这些人经常把一枚5分硬币和一枚1角的硬币放在他面前，让他随意选择一个，亨利总是选择那个5分的。结果，人们都笑他又傻又笨。

有一天，一个人好奇地问他：

"难道你不知道1角钱要比5分钱值钱吗？"

"当然知道。"亨利慢条斯理地说：

"不过，如果我选择那个1角的拿，怕是人们就没兴趣给我扔钱了。"

在生活中，很多人凡事都喜欢争，为所谓的面子争个面红耳赤，为所谓的名利争个你死我活，有时，与其争来争去，不如退让一步，不如忍一忍，有时，沉默是金。

失之东隅，收之桑榆。通往梦想的路不止一条，任何时候，都不要放弃成功的信心，此路不通，该换条路试试。有时候退一步，会海阔天空；有时，退一步，就能明哲保身。有时，退一步是进一步；有时，退一步，能进两步。所以，如果你有要实现的梦想，有要抵达的目标，一路向前的时候，别忘了适时退一步。

有梦想的人，总是一路向前，总是想可以尽快"会当凌绝顶"，可实际上不可能总是一帆风顺，所以，有时，学会退一步，就能为梦想描绘出更美的蓝图，就能在危急时刻化险为夷。

梦想的路上难有风花雪月的佳景，总是需要一路风雨兼程。为梦想打拼的人，既要有奋勇当先、力挽狂澜的勇气，更要有退后一步，让他人一步的智慧。

惊险处,不急不忙,不慌不乱

淡定是一种豁达的生活态度,是一种超然物外的人生境界、是一种波澜不惊的处世态度,更是一种以柔制刚,克敌制胜的智慧与策略。

宠辱不惊,看庭前花开花落;去留无意,观天上云卷云舒。淡定的人,能于困境中不慌不忙,于惊险处,拈花以笑,乐观面对。

淡定自如的人,能在风雨来临之时,不花容失色;淡定自如的人,遇困境时,能从容不迫,处事不惊;淡定自如的人遇到困难时,永远不会丧失信心和勇气。无论是谁,在不慌不乱中,才能作出正确的决策,所以,越是遇到困难,越是面对紧急与突发的事件,就越要能静心地思考。

渴望实现梦想是每个人的愿望,但在通往梦想的路上,总会有这样那样的意外与惊险,有意想不到的困境与曲折。此时,我们不要先乱了阵脚,要知道,再大的困境与惊险,也算不了什么,只要咬一咬牙也就挺过去了。

第九章 梦想没有直行车，且行且转弯

遇到困境时，最好的态度就是淡定再淡定。

曾经，有一架美国航空空客客机在纽约拉瓜迪亚机场起飞了，但飞了没多长时间，它的引擎就因吸入了几只野鹅而很快失去了动力。

当可怕的事情发生时，机长苏兰伯格虽然意识到了危险的逼近，可他依然保持淡定，而且果断地做出了在哈德逊河上紧急迫降的决定。

之后，机组人员在苏兰伯格的指挥下，不慌不忙，有条不紊地执行着在哈德逊河上紧急迫降的任务。

最后，飞机在哈德逊河上水面成功降落，所有人员成功撤离飞机，并上了救援人员提供的小船，安全获救。

在追求梦想的过程中，有时，我们所遇到的一些困境就像一架发生险情的飞机一样，所有的险情都是突如其来的，而且需要马上做出正确的应急方案。此时，你越慌乱，越难以想出对策，最好的方法就是保持淡定，然后开动脑筋，想出万全之策。

一个优秀的摔跤选手要获得比赛冠军，必然要经过反复的摔打训练，每一次摔倒后，即使摔得再痛，也要尽快想法子站起来，然后想着如何把对手摔倒在地。

很多人在遇到困境时，总是先乱了自己的阵脚，不知该做什么好，这样做只能是让自己身陷困境的沼泽地，难以自拔。所以，遇到困境时，最好的方法就是不慌不忙，不急不乱，保持淡定。

从1840年9月到1842年3月，声名赫赫的两广总督林则徐先后被革职查办，先是以"四品钦衔"赴浙江军营效力，接着又革去"四品钦衔"遣戍伊犁、改遣开封，协助王鼎治水。

林则徐兢兢业业地帮王鼎治水，并最终成功地根治水患。

按理说，林则徐治水立了大功，可将功折罪，但道光帝仍将林则徐发配伊犁。

由于报国无门，有些绝望，再加上治水劳累，戍途奔波，林则徐在西安大病两个多月，到1842年8月才从西安启程，踏上流放伊犁的漫漫戍途。

在别人看来，人生走入如此悲惨境地，是难以淡定相对的，只能悲观、绝望。可在仕途一落千丈，人生处于险境时，林则徐最终还是选择了平和地面对，最终战胜了困境，登上了新的生命高度。

当人生大起大落，当多年的梦想看似走入绝境时，一定要不慌不忙，不急不乱。

在追梦的路上，不知有多少要翻越的大雪山，有多少要穿越的大河，山穷水尽时，峰回路转处，只要心中有一轮太阳，又何惧世事沧桑。所以，不管遇到什么样的困难，身处什么样的困境，都要冷静以对，都要波澜不惊，都不能慌慌张张，而要理智地去面对，这样，困难才能迎刃而解。

"梦"不通时,开启另一扇梦想之门

很多登山爱好者都有这样的经历:当他们把一座陌生的山顶定为征服的目的地时,往往会因为各种各样的原因而不能实现征服的梦想。此时,许多人就会感到后悔,放弃了继续征服的梦想。

有时,梦想像登山一样,看似很容易攀登的山,看似近在眼前的山,抵达山顶却需要经过一段漫长的路,有着无限的蜿蜒曲折,充满了各种各样的风险。

但即使如此,也不要轻言放弃,而是要坚持前行或绕路而行,或停下来,是不是这条路行不通,如果是这样的话,就改走另一条,如果这扇门被关死了,那就开启另一扇门。

圣劳伦斯美术学院是英国著名的美术学院,每年5月是这家学院的入学考试时间。每年这个时候,很多梦想成为画家的孩子,都要到圣劳伦斯美术学院试下运气,看是否能通过入学考试。

这年5月,又有很多孩子来参加考试。第一天考试时,油画系的威尔斯教授发现，有一个孩子表现不错。这个孩子有着扎实的基本功，构图清晰整洁，光影细腻，所作的画每一个细节都近乎完美。

可第二天，这孩子表现得却不尽如人意。

几周后，圣劳伦斯美术学院的网站公布了新生录取名单，男孩子没有通过考试。当威尔斯忙碌一天离开学校，在校门口遇到那个男孩子时，发现他神情有些落寞。

威尔斯教授主动上前，与男孩子聊了起来。威尔斯告诉男孩子，自己是这所学院的油画导师，而男孩子有些不自信地说，自己是色盲，是本次考试的落榜生。

后来，威尔斯教授将男孩子带到一个房间，那里堆满了绘画和雕塑作品。在这里，他告诉男孩子说，最初，自己最大的梦想并不是成为一名画家，而是想做一名职业球员。而之所以没实现最初的那个梦想，是因为自己失去了左腿。

后来，威尔斯教授用一块手帕蒙住杰克的眼睛，把一个石膏像放到杰克手里。对他说："你的眼睛虽然看不清，但画家的双手也是一双眼睛。为什么不试试用双手'看'色彩？"

6年后，威尔斯教授看报纸时，看到了这样一则消息："年轻的雕塑家曾经因为色盲症没能考取心仪已久的美术学院，但在一名导师的启发下，他不再画画，而是从事雕塑工作，并取得了显著成就。"

或许，最初，每个人都有一个要努力实现的梦想，可却因为各种原因，不能实现梦想，可我们不能因此就放弃梦想，而是要继续努力开启另一扇门。

　　年轻时，法国文学巨匠巴尔扎克曾梦想做一个成功的商人，于是，他就从事出版业，虽然很努力，可是并没做出什么名堂。后来。他又想去开印刷厂，结果，又以破产告终。

　　一个偶然的机会，他发现自己写的东西还不错，于是，就拿起笔开始写东西。他笔耕不辍，每天都要写18个小时以上。20年的时光一晃而过，经过这些年的不懈努力，巴尔扎克最终完成了杰出的作品《人间喜剧》。

　　或许，经过多年的努力与奋斗，你的某一个梦想破灭了，但只要你坚持不懈，你总会发现自己的另外一个梦想，只要再继续努力，就可能实现。

　　你的梦想是什么样的？你的梦想适合你吗？如果答案是否定的话，那么，就需要及时调整，去尝试一下自己另外的梦想。

　　莎士比亚原本是个跑龙套的三流演员，后来，他发现自己缺少表演天赋，演戏不是自己的特长，难有大的成就，于是，他就不再演戏，而是开始创作剧本。

　　经过不断的努力，他写出了《哈姆雷特》《错误的喜剧》《罗密欧与朱丽叶》等不朽剧作，成为欧洲文艺复兴时期英国最重要的作家、杰出的戏剧家和诗人，在欧洲文学史上占有特殊的地位。

一个人有什么样的梦想并不重要，重要的是，要给梦想一个准确的定位。

有时候只要我们换一个角度，换一个想法，为自己的梦想做下调整，重新定位，另一扇梦想之门就会为我们悄悄打开。

不为小成绩而沾沾自喜

在通向梦想的路上,应该有这样的一种心境,虽已更上一层楼,依旧淡泊相对,虽经历繁华万千,依旧一颗素心如初;无论有过怎样的辉煌与灿烂,都不会得意忘形,依旧保存谦卑内敛。

泰戈尔说过:"当我们大为谦卑的时候,便是我们近于伟大的时候。做人要保持谦逊,不能自作聪明,也不要以为自己比别人多一点聪明。"

谦卑让人进步,很多人都懂得这个道理,可是在有了一点小成绩后,一些人却总是沾沾自喜或居功自傲。这样的人,多不能做到谦卑做人,更谈不上百尺竿头,更进一步。

唐伯虎是明朝的著名画家。他自小就特别聪明,而且喜欢文学和绘画。唐伯虎9岁那年,师从当时的著名画家周臣,专心学习绘画艺术。两年后,无论是画山水还是画人物,他的画技都达到了炉火纯青的地步。只是在画山水时,感觉不怎么得心应手,就想拜擅长画山水花卉的沈周为师。

当母亲带唐伯虎去见沈周时,沈周见唐伯虎长得眉清目秀,一表人才,又看了他以前的一些作品,感到他在绘画方面有着深厚的功底,就收下了这个弟子。

名师出高徒,有沈周这样的大师级画家倾囊相授,再加上唐伯虎勤奋地学习,唐伯虎的绘画水平很快就有了进步,并深受老师的称赞。

沈周称赞唐伯虎是为了激励唐伯虎努力学习绘画,可唐伯虎却因老师的称赞而沾沾自喜,以为自己的绘画水平已经和老师相差无几,就认为自己不用再学习了,想尽快回家。

虽然唐伯虎流露出了自满心理,可沈周却不动声色,也没有批评他,而是让妻子做了几道菜,然后,与唐伯虎一起喝酒。酒桌上,他对唐伯虎说:"为师今日高兴,酒喝得多了点,感到身上有些发热,你去把窗子打开透透风,好吗?"

听老师说感觉热,唐伯虎马上起身去开窗子,可怎么也推不开那扇窗。此时,他猛然醒悟,原来那扇窗子是老师画的一幅画,由于画得太逼真了,所以自己没看出来是画作。

聪明的唐伯虎,也明白了老师让自己开窗的用意。他转过身,红着脸跪在地上,对老师说:"请您原谅我的无知,我要留下来继续学习!"

从此以后,唐伯虎再也不提回家的事了,一心一意地跟着老师学画画。

第九章 梦想没有直行车,且行且转弯

任何人在有了一点小成绩后,都不要沾沾自喜。要知道,人外有人,天外有天。只有更加努力地学习,只有更加奋发图强,才能不被淘汰出局,才能永远领先他人一步。

柳公权是唐代著名的书法家,他的字结构严谨,苍劲挺拔,自成一家,被称作"柳体"。

在书法方面,柳公权从小就有着过人的天赋,他写的字远近闻名,他也因此而骄傲过。

一天,他看见了一个没有手的老人,不免有些呆住了,因为老人在用脚写字,而且比他用手写得还好。

从此,他把"戒骄"两字记在心中,勤奋地练字,虚心地向大书法家学习,终于成为一代书法大家。

王阳明曾经说:"人生大病,只是一'傲'字。",骄兵必败,如果有了成绩就开始飘飘然,不知天高地厚,忘记了自己应该做什么,到头来,所取得的一点小成绩,只能付之东流。

骄傲是成功的大敌,一个人如果有骄傲的心理,是成不了大事的。一个人如果居功自骄,只能转胜为败,而且是一败涂地。

明朝末年,李自成带领农民起义,经过多年的艰苦奋战,他率军队攻进了北京城。可惜的是,此时他开始沾沾自喜,产生了自满的情绪。

他本应该巩固已有的政权,在成功的路上乘风破浪,继续向前。

可却忙于封官行赏，追求享乐，忘记了自己的本分。

结果清军趁机入关，一时间，战局突变。

仓促间，李自成应战，结果接连失败，最后，只能逃出北京，一场轰轰烈烈的农民起义，也以失败告终。

骄兵必败。有时，虽然我们经过努力取得了一定的成绩，依然要淡然如水，而不是洋洋自得，因为沾沾自喜的结果，只能是白白地耽误了未来的行程，浪费了大好的光阴。

所以说，无论是谁，在追梦的路上有所成就时，都要不为所惑，要把已有的成绩倒空，从零出发，从头开始。

第十章

有梦想，就有了继续向前的希望

有了梦想，就有了继续向前的动力。很多时候，让人一蹶不振的并不是其他外在因素，而是内心失去了希望。不管遇到什么，只要心中的梦想依旧存在，就会鼓起继续奋斗的勇气，就会笑迎种种挫折。梦想的种子，有时候就是火把，照亮我们前行的道路，让我们勇往直前，直至到达胜利的彼岸。

珍惜时间,为梦想设个实现的期限

"时间都去哪儿了?还没好好感受年轻就老了!"

2014年,一首《时间都去哪儿了》的歌,一夜间红遍了大江南北。朴实无华的歌词,极有震撼力,让人怦然心动,唏嘘不已。

"门前老树长新芽,院里枯木又开花。"似乎一转身的功夫,时间的脚步就从春天跑到了秋天,从冬天又跑到了春天。这期间,时间都去了哪儿呢?

很多人怕是无从知道,但总是伤感时间的飞逝,伤感一天天、一年年的日子过得那么快。

是的,时光如梭,总在不断地飞逝。因此,人一定要及早树立自己的梦想与人生目标,要趁着青春年少的大好年华,为梦想与目标全力地打拼一次,千万不能盲目地等待,让自己的梦想等到"白了少年头,空悲切"。

在现实生活中,很多人设立了梦想,却没有紧迫感,做事总是不紧不慢,甚至是浪费时间。结果,终究难以成就梦想。而那些能成就梦想的人，多懂得节约时间，能抓紧时间努力做事。

数学家陈景润是一个特别懂得珍惜时间的人。为了能把一天24小时的时间充分利用起来，他曾给自己拟订出一张工作时间表，即使是在路上行走，他也要读读背背，努力学习。

有一天，陈景润突然发现自己的头发太长了，应该去理发了，于是，他就去理发。

等到了理发店，他发现店里有很多人，要排队理发。

陈景润一看自己拿的牌子是38号，心想：轮到我还早着呢，不能待在店里干等着，那可是白白浪费时间啊！

于是，陈景润赶忙走出理发店，找了个安静的地方坐下来，然后从口袋里掏出个小本子，背起外语单词来。

背着背着，他又想起上午在阅读一篇外语文章的时候，有个地方不太懂。他看了看手表，才12点半，就有了一个决定：先到图书馆去查一查，再回来理发也不迟。

可等他到了图书馆，把不懂的东西弄懂了后，又发现外文阅览室内有很多的新书，于是，他又进去看书，直看得太阳下了山，他才想起理发的事儿来。

生命与时间一直在赛跑，但没有人赢得过时间，不过，如果你珍惜时间，时间就会帮你成就非凡的梦想。

陈景润懂得珍惜时间，他不仅在数学领域有着不凡的成就，而且还掌握了英文、俄文、法文、德文四门外语。

"一寸光阴一寸金,寸金难买寸光阴。"对于有梦想的人来说,时间是最宝贵的。所以,有梦想的人,要学会珍惜时间。

听说过"苏秦刺股"的故事吗?

战国时期,有个人名叫苏秦,他在年轻时,由于所掌握的知识不多,曾到好多地方工作,都不受重视。回家后,家人也看不起他。这对他的刺激很大。于是,他下定决心,要努力读书,掌握更多的知识。

他经常读书到深夜,每到深夜时,他总是感觉读得很累,而且也常困得打盹。为了让自己能集中精力读书,他想出了一个方法:他准备了一把锥子,一打瞌睡,就用锥子往自己的大腿上刺一下,这样就会感觉很疼,从而能让自己保持清醒,继续读书。

由于珍惜时间,分秒必争地读书,苏秦终于掌握了很多的知识,并成为了当时著名的政治家。

富兰克林曾经说:"你热爱生命吗?那么别浪费时间,因为时间是组成生命的材料!"

你热爱自己的梦想吗?如果你的答案是肯定的,那么,别浪费时间。

在通往梦想的路上,时间是最不可或缺的财富,所以,发明家爱迪生常对助手说:"最大的浪费莫过于浪费时间。"

一天,爱迪生与助手一起在实验室里工作,他递给助手一个没上灯口的空玻璃灯泡,对助手说:"你量量灯泡的容量。"说完这句话,他又去做自己手头的事情了。

好长时间过去了,他问助手:"容量是多少?"

助手没有回答他的问话,他不得不看看助手在做什么。可等他转过头去,却见助手拿着软尺在测量灯泡的周长、斜度,并拿了测得的数字伏在桌上计算。

他一看助手做事这么慢,就着急地对他说:"时间,时间,怎么费那么多的时间呢?"

说着,爱迪生走过来,拿起那个空灯泡,向中间注满了水,交给助手,说:"测一下水的容量,然后告诉我。"

生命是有限的,时间有限的,时间只会减少,而不会增加。时间也不会等人,永不停息地流逝,所以,我们要珍惜时间。从某种意义上说,珍惜时间就等于珍惜自己的梦想。

现代著名作家朱自清曾经说:"燕子去了,有再来的时候;杨柳枯了,有再青的时候;桃花谢了,有再开的时候。但是,聪明的你告诉我,我们的日子为什么一去不复返呢?——是有人偷了它们吧。那是谁?又藏在何处呢?是它们自己逃走了,现在又到了哪里呢?"

时间在哪里呢?时间又是怎么溜走的呢?

时间在每一个人的手中,在我们玩手机的时候,它从指缝间溜走了。在我们玩电脑游戏的时候,它从键盘中溜走了。在我们看电视的时候,它又从我们的电视机屏幕上溜走了。

如果你有梦想,正在为梦想打拼,那么,请一定要珍惜时间,合理利用时间,让有限的时间为我们梦想的腾飞助一臂之力。

李白的《将进酒》中有诗云:"君不见,黄河之水天上来,奔流到海不复回。君不见,高堂明镜悲白发,朝如青丝暮成雪。"于是,我们总是感叹"人生苦短"!

然而,与其感叹"人生苦短",不如抓紧手中的每一分每一秒,合理安排时间,给自己列一个时间清单,什么时候应该做什么,什么时候必须做什么。

时间总是太匆匆,让我们来不及伸手,它就匆匆而过。但没有人能改慢时间的步伐,让它慢一些,再慢一些,所以,有远大梦想的人,要珍惜每一分光阴,要给梦想设一个实现的最短期限,让时间化为我们追梦路上最从容的微笑、最坚实的脚步、最坚定的目光,最给力的助推器。

与积极的人为伍,与成功人士交朋友

中国有句俗话:"在家靠父母,在外靠朋友。"

"千年修得同船渡"。茫茫人海中,朋友能够彼此邂逅,相遇,就像两个相爱的人相遇一样不容易,所以,朋友间唯有珍惜。

不过,虽说朋友越多越好,可并不是所有的朋友都可以深交,可以长相守的。

所谓"近朱者赤,近墨者黑",你接触什么样的人,你就会有什么样的思想。你有什么样的思想,就会有什么样的行为,有什么样的行为,就会产生什么样的结果。

与智者同行,你会不同凡响;与高人为伍,你能登上巅峰。如果你有梦想,那么,就要远离心态消极的人,要多接触心态积极的朋友,能给自己正能量的朋友。

一位牧师正在思考着第二天如何布道的问题,正为没有好的题目而心烦呢。他6岁的儿子总是不识趣,隔一会儿就来敲一次门,要这要那，弄得他失去了耐心，可又不能不理儿子。

怎么办呢？

他手头正好有一页杂志上的世界地图，他就将其撕碎，然后，递给儿子说："来，我们做一个有趣的拼图游戏。你回房里去，把这张世界地图拼还原，我就给你5美分去买糖吃。"

儿子出去后，他赶紧将门关好，心想："这下儿子就不会来打扰了。"

没想到，他儿子马上又来敲门，告诉他图已经拼完了。

他难以置信，就跑到儿子房间，一看，那张撕碎的世界地图真让孩子拼好了。

"怎么会这样快呢？"他不解地问儿子。

"很简单的。"儿子说，"这张世界地图的背面有一个人的头像，只要将人拼对了，世界自然就能拼对了。"

只要人对了，世界就对了。所以，有梦想的人，要与积极的人为伍，与成功的人交朋友。

在通往梦想的路上，积极的朋友像阳光，为你送来丝丝暖意，并能在灰暗的日子，给你希望与光明；成功的人像一个个加油站，能帮你重新点亮梦想，或者帮你再次扬帆起航。

马克思和恩格斯既是好朋友。又是国际工人运动的领导人。由于受当局的迫害，马克思长期流亡在外，生活成了问题。每当马克思的生活困难时，恩格斯就会雪中送炭，将省吃俭用攒下来的钱寄给马克思。

一次，马克思家的生活又遇到了困难，就打算让大女儿和二女儿找个地方做工去算了，自己和燕妮、小女儿搬到贫民窟去住。

恩格斯听说此事后，连忙打电报劝说马克思别这么做，又迅速筹集了一笔钱，汇给了马克思，使马克思一家暂时渡过了难关。

后来，恩格斯遇到了困难，马克思同样竭尽全力帮助他。1848年11月，恩格斯逃亡到瑞士，因为走得太匆忙，就没带多少钱。马克思当时生病，当他知道了朋友的情况后，赶紧从病床上挣扎起来，到银行将自己仅有的钱取出，全部寄给了恩格斯。

马克思和恩格斯不仅在生活上互相关心，互相帮助，而且在事业上也互相支持。

一提起朋友，很多人会不由自主地联想到闺蜜、发小、铁哥儿们等情深义重的老友故交。

像这样的好朋友固然应该常相聚，可如果朋友凑在一起，除了觥筹交错，灯红酒绿，没有共同的爱好与梦想，那么，这样的朋友最好还是敬而远之。

其实，让自己获益颇深的朋友，也许是萍水相逢，也许是偶然邂逅，不管这个朋友是怎么结识的，是交往已久还是新结识的，只要他积极向上，行得正，走得端，一身正气，就值得你多了解，多交往。

而如果你的朋友能欣赏你，能在你穷困潦倒的时候鼓励你、帮助你，让你有能量向着梦想继续进发，那才是值得深交的好朋友。

人最幸运的是，能结识这样一种朋友，如果你还在梦想的路上打拼，他们可为你领路，愿意无私地引导你，帮你点亮你的梦想，或指引你走过泥泞的小路，走出梦想的迷雾。如果你有幸结识这样的朋友，可以多了解他们，向他们请教，在潜移默化中，你就会像他们一样积极向上，像他们一样看问题，思考问题，慢慢形成正确的思维方式，养成良好的行事习惯。

　　三国时，东吴的名将吕蒙只会舞刀弄枪，不知道文化知识的重要性，孙权就提醒他，要学习文化知识。

　　经孙权的点拨，吕蒙如梦方醒。从此以后，吕蒙发奋读书，掌握了丰富的知识，鲁肃见了他，就称赞他说："士别三日，当刮目相看。"

　　因为孙权的一席话，吕蒙改变了自己，成为了三国时期文武双全、举足轻重的人物。如果你不想庸庸碌碌地过一辈子，就与思想积极、做事积极主动的人多接触，与成功的人士做朋友。即使做不了朋友，也要设法多接触他们。或许，他们帮不了你什么，可他们的一言一行却能让你改变自己，成就自己的梦想。

　　在现实生活，还有一种朋友，这样的朋友，可能没有太多的物质财富，但在精神上，他是富有的，能在你伤心难过的时候，无私地陪伴你，安慰你，给你走出困境的智慧，给你重新出发的正能量。

　　或许，在这个世界上，你特别不喜欢有一种朋友，他们性格直爽，有一说一，有二说二，你做错事情时，他们会直言批评，一点也不给你留面子。之所以如此，是因为他们不希望你在梦想的路上误入歧途，或走太多的弯路。这样的朋友肝胆相照，最值得珍惜。

朋友是人生最大的财富,选择一个什么样的人当朋友,其实就是在选择一种什么样的生活方式。要想实现梦想,你就要选择与积极的人为伍,与成功的人做朋友。有他们一路相伴,你梦想的天空里将总是阳光明媚,即使偶有风雨交加的天气,你也不会犹豫不前,而是义无反顾地前行,并将风雨视为美妙的歌声。

水深浪高时,求人不如靠自己

自己帮助自己,是强者的风范;自己帮助自己,是勇者的表现,更是有梦想的人必须具有的卓越品质。

俗语说:"靠山山会倒,靠人人会跑,只有自己最可靠。"很多人都懂得这个道理,可一遇到困难,就希望他人能相助。如果自己的求助要求没有得到满足,就会怨声载道。其实,这是弱者的表现。

试问一下,当勾践从一国之君沦为夫差的阶下囚,忍受着吴人的羞辱和嘲弄时,有哪个人有能力帮助他呢?除了他自己,没人可以帮助他。勾践明白这个道理,才能卧薪尝胆,隐忍了十年,等将自己的国家治理得繁荣强大后,最终一雪多年的耻辱。

强者不会轻易求助他人,通常,遇到困难时,都会自己先想办法搞定。

从前,有一个虔诚的教徒,他遇到了困难,就去寺庙求拜观音。

当他走进寺庙时,发现有一个人也在跪拜观音,让他好奇的是,这个人与观音长得很像,就问:"你是观音吗?"

"是的。"

"可你为什么还要拜自己呢?"

"因为我也遇到了难事。"观音笑道,"可我知道求人不如求己。"

在通往梦想的路上,不可能总是一马平川,既有平平坦坦的大路,也有坎坷不平的小路,既有水深浪高的大海,又有难以逾越的高山。此时,与其希望有人能出手相助,不如自己开动脑子,想想办法。

李嘉诚小时候,为了养家糊口,他当过茶馆跑堂、店铺伙计、推销员等等。

在当茶馆跑堂时,李嘉诚的工作非常辛苦,早上5点开始上班,晚上到深夜才能回家休息。尽管工作很累,可他却从不懈怠。

每天,他第一个赶到茶馆。茶馆里人多,什么人都有,而且这些人来自不同的行业和阶层。对于这些人,李嘉诚不仅特别关注,而且经常分析每一个顾客的职业与性格、爱好等,以此来了解顾客的消费心理。没过多久,他就了解了一些常客们的饮茶喜好,并牢记于心,只要客人一落座,不用多说什么,李嘉诚就会端上他们喜欢的茶水和点心。

顾客们十分满意李嘉诚的善解人意,因此,很多顾客都喜欢光顾这家茶馆,结果,茶馆的生意非常红火。生意红火了,老板自然很高兴,并给李嘉诚不断地涨工资。

后来，李嘉诚改行做了推销员，再后来，他自己创业。创业之初，公司在资金上遇到了困难。为了节约资金，李嘉诚经常背着装有产品样品的背包走街串巷。在创业的路上，没少遇到困难，但凭着不服输的劲头，李嘉诚每次都靠自己的努力走出了困境。

其实，在这个世界上，只有一个人能救你自己，那个人就是你自己。关键时候，能帮助你的，还是你自己。所以，如果做事情时遇到困难，一定要先想办法自己解决。

海伦·凯勒出生后16个月，就因猩红热而失去了视觉、听觉和语言能力。

在以后的日子里，她的生活可以说是暗无天日。她看不到美丽的鲜花，听不到动听的音乐，也不知自己应该想什么。

但在人生困境的时候，她凭借惊人的毅力，一点点去学习，不仅有了正常的思维能力，还创造了非凡的成就，创造了许多奇迹。

当有人问她："是什么让你这样坚持走下去的？"

她说："因为我一直在告诉自己，不管生活中遇到多大的困难，只有自己才能拯救自己。"

对任何人来说，困难是福，挫折是财，自己是神。一个人只有饱尝各种困难与挫折，才能不断提升自己的能力，才能一步步实现梦想。所以，在遇到困难时，不要将解决问题的希望寄托在他人身上。

要知道，世上没有免费的午餐，凡事与其寄希望于他人，不如让自己鼓起勇气。

看过一则故事：一位老和尚问小沙弥，你进一步则死，退一步则亡，你该如何去做？小沙弥回答说：我向旁边去。

每一个人在通往梦想的路上，都有可能遇到困难与挫折，但只要你多动脑子，多想办法，舍得吃苦与努力，那么，总会找到解决问题的方法。所以，遇到困难时，先不要想：我完了，死定了，或，我去找某某，看他有什么法子，而要先冷静下来，想想有什么解决的方法。

这个世界上没什么救命稻草，关键时刻，还是要靠自己。人只有依靠自己才是最靠谱的，只有你自己有了安身立命的能力，才有可能获得幸福的生活。所以，无论是谁，无论遇到什么样的困难，都要靠自己解决。而每解决一次困难，我们的能力就会得到相应的提升。

当我们有了强大的力量，梦想必然会在前方熠熠生辉，甚至会发出炫目的光芒。

将梦想的弓弦,绷得紧紧的

如果你看过长跑比赛或参加过长跑比赛,你一定会有这样的体会:一声枪响前,起跑线的运动员像一根绷紧了的弓弦,枪响之后,运动员像一支支彩色的箭向前飞去……

罗曼·罗兰说:"生命是一张弓,那弓弦是梦想。"而生命若是一张弓,梦想是弓弦,那么,箭手在哪里呢?

箭手,其实就是在跑道中奔跑的比赛者,是那些想争第一名,并为实现这个梦想而拼命向前跑的人。他们为了自己的梦想,将奋斗的弓弦绷得紧紧的。

1984年,在东京国际马拉松邀请赛中,日本选手山田本一出人意料地夺得了冠军。当记者采访他为何能取得如此骄人的成绩时,山田本一回答说:凭智慧战胜对手。

众所周知,马拉松比赛是需要体力和耐力的运动,选手之间拼的是体力和耐力,只要身体素质好、耐力好,就有望名列前茅。所以,

第十章 有梦想，就有了继续向前的希望

对于山田本一的说法，很多人并不认可。

两年后，意大利国际马拉松邀请赛在米兰举行，山田本一也参加了这次比赛，而且又幸运地获得了冠军。当记者又去采访他时，他依然认为自己能得冠军，是靠智慧战胜了对手。

其实，山田本一所谓的"智慧"，就是将得冠军的梦想分割成一个个小的目标，然后一步步地完成。为完成这些小目标，他又制订了一些详细的计划，也就是：有积极的行动。同时，为完成这些小目标，一定要做到高效行动。这样，最后就能实现夺冠这个大目标了。

每次比赛之前，山田本一都要乘车把比赛的线路仔细地看一遍，并把沿途比较醒目的标志画下来，比如第一个标志是银行；第二个标志是一棵大树；第三个标志是一座红房子……以此类推，一直画到赛程的终点。

梦想是需求的理想化，目标则是需求的具体化。有了一些小目标，在追梦的路上，就会让自己永远充满奋斗的激情，永不懈怠。

所谓绷紧梦想的弓弦，就是要时时努力奋斗。

在凌晨4点时，很多人或许还在梦乡中，可哈佛大学的图书馆中却是灯火通明，座无虚席。在哈佛，每个人都将学习的弓弦绷得紧紧的。哈佛的本科生，每学期至少要选修4门课，一年是8门课，4年之内修满32门课并通过考试才可以毕业。

哈佛学生的学习压力巨大，因为哈佛这所学校实行的是淘汰机制。每年，哈佛平均有约20%的学生会因为考试不及格或者修不满学

分而休学或退学,而且淘汰的这20%的学生的考评并不是学期末才完成,而是每堂课都要记录发言成绩,平均占到总成绩的50%,这就要求学生均匀用力,不能有丝毫的懈怠与放松。为了能顺利通过考试,为了能在哈佛站稳脚跟,哈佛的学子们总是不分白天和黑夜地学习。

如果你经常行走于哈佛校园里,你就常常能与那些衣着朴素,素面朝天,基本不修边幅的学生不期而遇。他们总是迈着匆匆的脚步,一脸紧张的神色。

正因为哈佛的学子们能奋发图强,不断地绷紧生命的弓弦,很多人才能谱就华美的梦想诗篇,哈佛才能成为英才辈出之地,才能成为培养精英的摇篮。

人生只是短暂的一瞬,有梦想的人生是美丽的,能实现梦想的人是幸福的,在有限的生命中,每一个有梦想的人都应该将梦想的弓弦紧绷,千万不能放松。

富兰克林把每天的作息时间安排列成一个表,自己在何时工作,在何时休息,在何时娱乐等,都有具体的计划与安排。

下面就是他一天的作息时间表:

清晨的时间安排:5时至8时。起床、洗漱、祷告。规划白天的事务。读书和进修。早餐。

在这段时间里,他在思考这样一个很有意义的问题:"我这一天将做些什么有益的事?"

上午的时间安排:8时至12时。工作,切实执行之前订好的一天工作计划。中午:12时至14时。读书,或查视账目。吃午饭。

第十章 有梦想，就有了继续向前的希望

下午的时间安排：14时至18时。工作，把未做好的工作迅速完成，把已做好的工作进行仔细检查，有错误的地方立即改正。

晚上：18时至22时。整理杂物，把用过的东西放置原处。

晚餐、音乐、娱乐或聊天。做每天的反省。在这段时间里，他向自己提出一个能帮助自己反省的问题："我今天做了些什么有益的事？"

夜间的时间安排：22时至凌晨5时。睡眠，好好地睡眠。

在生活中，很多人都会时不时地感觉日子很无聊，其实，只要他们将生活与工作合理安排，将自己的日程安排得满满的，每天给自己一个时间表，他们就会感觉生活很充实，而且生活的弓弦也绷得紧紧，做事情的效率也比较高。

很多时候，年轻的我们，总以为实现梦想很容易，不用紧紧绷住弓弦，而要尽情地享受、放松，但梦想容不得我们放松，丝毫的懈怠都可能导致前功尽弃。

对于有梦想的人来说，最开心的事，莫过于梦想快要实现的时候。可总有人在梦想即将实现的那一刻功亏一篑。所以，心有梦想的人，即使是在快要实现梦想的时候，也要绷紧弓弦。不要以为梦想近在眼前，唾手可得，就可以放松自我了。越是在最后的时候，越应该绷紧弓弦，绝对不能有一点松懈。

很多时候，我们总以为，在某些小事情上可以有所松懈了，但没想到的是，却会因小失大，或者在一条小小的沟中翻船，所以有时，不要因为是小事情就粗心大意，不当回事。在追求梦想的路上，无论

什么事情，都要认真对待。

  总而言之，梦想无小事。要实现梦想就要时时绷紧弓弦，就要在关键时候不放松警惕，在目标触手可得时，也要绷紧弓弦，那么，我们就能成为在蓝天中飞翔的雄鹰，就会在梦想的天空，不断撑开美丽的翅膀，会越飞越高，越飞越远。

低头不懦弱，是睿智

"虚心竹有低头叶，傲骨梅无仰面花。"大雨之后，樱花低下它高昂的花骨朵；炎炎烈日下，禾稻垂下它笔直的头颅；丰收在即的时节，果树弯下它沉甸甸的腰肢。天地万物，很多时候，都需要低一下头。

低头即谦卑，是一种处世策略，更是有梦想的人必备的美德。有这种美德的人多能低调处世，多能事业有成。

有梦想的人，时时需要低调做人。低调做人是为人处世的黄金法则。低调做人就是在心态上要低调，有成绩时，要保持一颗平常心。

一个人要想实现自己的梦想，就要在应该低头时低头，在应该谦卑时学会谦卑地处世。

汉代学士张良是一个有梦想的人，也是一个有谦虚美德，遇事肯低头的人。

一天，张良来到一座桥上，遇到了一个衣衫破旧的老人。

张良并不认识老人，可当老人走到张良身边时，竟然脱下脚上的破鞋子，扔到桥下去，然后，吩咐张良："去，年轻人，把鞋给我捡上来！"

张良当时感到莫名其妙，可是他看到老人一大把年纪了，就只好下桥给老人捡回了鞋子。

可让张良不解的是，这老头竟然把脚一伸，对他说："给我穿上！"

此时，张良已有些生气，但他想了想，还是决定帮忙帮到底，于是便跪下身来帮老人将鞋子穿上了。

老人穿好鞋，跺跺脚，就赶路去了。正当张良纠结这老人连一声道谢都没有时，老人又转身回来了。他对张良说："小伙子，我看你是可造之才，这样吧，5天后的早上，你到这儿来等我。"

5天后，张良依约而来，可老人先他而到，怪他迟到。临走，老人对他说："还是再过5天，你早早地就来吧。"

5天后，张良在半夜就摸黑赶到桥头，比老人早到了很长时间。老人十分开心，并送给了张良《太公兵法》一书。

之后，张良精心研读此书，终成一代军事家，为汉王朝的建立立下了卓越功勋。

关键时刻，张良能低头给老人捡鞋子，能低头做人，得到了《太公兵法》，并通过学习，掌握了丰富的兵法知识，成为一代军事大家，成就了一番大事业。由此看来，一个人是否有低调做人的智慧，是非常必要，非常重要的。

曾看过一则新闻，说是有一所学院，要求学生对老师行跪拜礼。这一新闻引了发网民争议。其实，学院要求学生对老师低头，行跪拜礼,与古代儒家的行为非常相似。古代的儒家,在学子入学时,总是先让他们叩头拜师。这样做的初衷,无非是让学生对老师有敬重之心,对学习有谦卑之心。

有人说:"人生难逃低屋檐,乱世繁兀惹人烦。宽容大度求生存,能屈能伸最坦然。"这其中的能屈,就是指肯低一下头。

有人问苏格拉底:"你是天下最聪明的人,那么你说天与地之间有多高?"

苏格拉底毫不迟疑地说:"三尺!"

那人十分不解地反问:"我们每个人都有五尺高,天与地之间却只有三尺,那岂不是要戳破苍穹?"

苏格拉底笑着说:"所以,凡超过三尺的人,要想立于天地间,就要学会低头呀。"

很多人认为,遇事情时如果低头,是懦弱的表现。其实,有时,你低一下头,就会带来意想不到的收获。

在通往梦想的路上,有各种各样的困境与挫折,有各种各样的诱惑与陷阱,如果不懂得低头,就看不清脚下的陷阱,就不知道自己的足迹是弯还是直;如果不懂得低头,总是昂首挺胸,心高气傲,势必会处处碰壁。

富兰克林年轻时,曾去拜访一位德高望重的老前辈。那时,他年轻气盛,习惯了抬头挺胸地走路。那天,当他迈着大步进门时,他的头就狠狠地撞在门框上。

出来迎接他的前辈,见他撞得非常痛,就对他笑笑说:"很痛吧!可是,这将是你今天拜访我获得的最大收获。一个人不能总是抬头挺胸地走路,该低头时就低头。这就是我要告诉你的事情。"

低头不是自卑,也不是怯弱,绝境中,我们稍微低一下头,或许就能绝处逢生,之后的人生路会更精彩。

低头不是畏缩不前,不是自暴自弃,而是一种迂回前行的策略。梦想的舞台很大,有时,我们要把自己放低一些,把奋斗的目标看高些,在梦想的路上,有大起大落时,要能屈能伸。遇到挫折时,要学会养精蓄锐,蓄势待发,在该低头时就低头,从而巧妙地避开丛生的荆棘,在梦想的路上重新出发。

在通往梦想的征途中,有竞争和角逐,有各种打击和困境。这时,需要百折不挠、矢志不移,要坚定不移地埋头走下去,不浮躁,不冒进,只踏踏实实地向前。当你面对各种打击和困境时,不妨稍微低一下头,不妨学会认输。当自己遇到强大的对手时,就要用低头来避开锋芒,或许,当你再抬头时,就会看到最美丽的风景。